猫はなぜごはんに飽きるのか？

猫ごはん博士が教える「おいしさ」の秘密

岩﨑永治
Eiji Iwazaki

集英社

ただいまー
遅くなってゴメーン
トトトト
くれー
くれー
くれー
え
ちょっとぉ！ミーちゃんにごはんあげておいてっていったでしょ！
くれーくれー
えっ？たくさんあげといたよ
ああ?!
こんもり
たしかにあげてるけど…
全然食べてない…
くれーくれー

何が気に食わないんだよぉミーちゃん
オイオイ
もーーしかたないわね
秘密兵器よ
ウェットを上からかけるわ
ほらほらミーちゃんおいちーよ♡
しらーん
えええ？
なあんでえー？この間はこれで食べたじゃない！
あ、もしかしたら
出してから時間が経ったから湿気たのかも
今日雨だし
そっかぁ
もったいないけどとりかえてみる？
どーぞ
カラ
カラ

ポイ
ポイ
ポイ
え――――?!
なっなんでえ～?
くれー
くれー
くれー
くれー
くれー
くれー
ううう…
こ…こうなったらとっておきの超高級缶詰を…
オイやめろっ!
れー
れー
そんなことしたらもう後戻りできないぞ!
買いだめしてる10kgのフードはどうなる
で…でも…
くれー
くれー

じゃあいったいどうすれば…
ううううう
猫が食べないのって心配ですよね
だっ
誰？
私？
私は猫ごはん博士
いいですか
猫はとても絶食に弱い生き物…
しかしやみくもな対策をすれば
いらん
さらに困った事態をひきおこしてしまう…
だ…だったらどうすればいいのよ！
それは……

ガサ
ガサ
パクッ
わっ
CAT FOOD
それは…
もぐ
もぐ
もぐ
理解
です
た…
食べた…
そう！猫という生き物をよく理解して仕えること
それが真の解決への糸口なのです！
だからどうすればいいのよー
教えてー

猫はなぜ
ごはんに飽きるのか?

猫ごはん博士が教える
「おいしさ」の秘密

××××××××××××××××××××××××

目次

第4章　猫ごはん　おいしさの秘密

第5章　猫ごはんのお悩み解決！

第6章　猫と肥満

コラム

はじめに

はじめまして。私は日本ペットフードという会社で、日々「猫のごはん」について研究している岩﨑永治と申します。

本書では「猫ごはん博士」として、猫ごはんに関してお悩みを抱える飼い主の皆さんの手助けとなるようなとっておきの情報を紹介していきたいと考えています。

グルメ。気難しい。すぐ飽きる。猫の食事についてはよくそんな言葉で括（くく）られます。

たしかに、好き嫌いの激しい猫のごはん選びは駆け引きや根競（こんくら）べの連続です。

彼らは、提供されたごはんが気に入らなければ口さえつけません。昨晩あげたカリカリ（ドライフード）がお皿に残っていようものなら、かき出して知らんぷり。かつおぶしをかけて「味変（あじへん）」したところで、決して口にすることはない……この本を手に取ってくださった方の中には、そんな場面に覚えがある方もいらっしゃるかもしれません。

猫が偏食なのは猫特有の性質で、仕方のないものとあきらめていませんか？

実は、猫の「食べない」は解決できるのです。そのためには、まず猫が感じる「おいしさ」についてよく学ぶこと。「おいしさ」について人間の価値観を押し付けてはいけません。

しかし、私の知る限り、科学的な根拠に基づいて猫の感じる「おいしさ」を紹介した一般向けの書籍はまだありません。

「猫ごはん」に悩みを抱える飼い主の方々に向けて、猫の感じる「おいしさ」についてわかりやすく学べる書籍を提供したい。そして喜んでごはんを食べる猫を少しでも増やしたい。そんな思いから、科学的根拠や私見を交えつつ、この本を書き上げました。

猫が飼い主の思いどおりに食べない原因は複雑で、一言では表せません。万能な対処法は存在しないため、それぞれの猫に見合った対処をすることが必要です。

そのため、本書はまず診断チャートで猫ごはんのお悩みタイプを診断するところからはじまります。お悩みタイプ別に原因を突き止めた後で、それぞれの猫に見合った対処に結び付けられるようになっています。

また、本編では猫に備わった習性や味覚などの生態的側面と、それらをふまえた猫ごはんの工夫などの物質的側面について、ひとつひとつ解説していきます。これらによって、猫が感じる「おいしさ」をより深く理解することができ、結果としてお悩みの解決の糸口にもなるはずです。

本書が「猫ごはん」に悩むすべての猫の飼い主の皆さんのお役に立てることを心より願っています。

マンガ・イラスト…深川直美
図版・ブックデザイン…望月昭秀＋林真理奈（ＮＩＬＳＯＮ）

第1章

猫ごはんのお悩みの原因を探ろう

猫を飼っている方のお悩みとして多いのが「猫が思うようにごはんを食べてくれない」というもの。この問題を解決するためには、まずご自宅の猫がどんなタイプなのかを把握することが大切です。そのために、この章では猫ごはんのお悩み別にタイプ診断を行います。ごはんを食べてくれない原因が何なのかを把握することで、一歩お悩みの解決に近付くことでしょう。

猫の感じるおいしさはこの5つで決まる！

猫ごはんのお悩みを解決するためには、まず、猫にとって「おいしい」ごはんとはどういうものなのか知っておきましょう。猫が感じる「おいしさ」はさまざまな要素が複雑に絡み合っています。この本では、そのおいしさの要素を次の5つに分類して解説していきます。

①食性

猫本来の食性は、犬など他のペットと違って「真性の肉食」というのが大きな特徴です。野生の猫は、ネズミなどの獲物を1日に何度もハントしては新鮮なうちに食べる、といった食生活をしています。このような特殊な食事スタイルに適応するため、体の構造や行動など、さまざまな形で変化させてきました。こうした猫の特徴を理解したうえで作られたごはんを、猫は「おいしい」と感じるのです。

②五感

人間にとって食事の香りや見た目、食感がおいしさのカギになるのと同様に、猫にとっても嗅覚、触覚、聴覚、視覚、そして味覚のすべてが、ごはんのおいしさを左右します。直接的な味覚だけでなく、食感やニオイについても好き嫌いがはっきりしています。こうした猫ならではの感覚を知ることで、彼らの感じる「おいしさ」が見えてきます。

③学習・経験

人間と同様、猫も生まれてから積み重ねてきたさまざまな経験によって、おいしさを学んでいきます。その始まりは母猫の胎内にまでさかのぼります。その後、特に幼少期の経験は一生涯にわたって影響を及ぼすため、非常に重要な時期となります。食事の経験だけでなく、幼少期の社会経験も猫の食生活に大きくかかわってくる要素の一つです。

④栄養・健康状態

健康であることはごはんをおいしく食べる一番の秘訣。肉食動物である猫には、タンパク質やアミノ酸が必要不可欠です。猫だけでなく、生き物は基本的にこのような必要とする栄養素ほど、おいしく感じるようになっています。逆に、猫が必要としない成分は、いかにほかの動物に良い効果をもたらそうとも、嫌うことがよくあります。

⑤生活環境

光や騒音、同居猫の存在などの居住環境や、食事や水の置き場所などの食事環境、トイレや食器の清潔さといった衛生環境など、さまざまな要因が彼らの感じるおいしさに影響を与えます。「猫は家につく」といわれるとおり、安心できる場所でこそおいしく食事をすることができます。人の食生活も猫の好みに影響を与えることがありますし、飼い主との関係性も、ごはんのおいしさに大きく影響を与えます。

COLUMN 1

「○○は危険」は本当?

キャットフードの原材料名には飼い主の皆さんに馴染(なじ)みのない言葉が並んでおり、不安を覚える方も多いでしょう。

気になって原材料について調べてみると、「○○は危険」と書かれたネット記事に出くわすことも。特に発がん性が認められる物質といわれると、反射的に「危険だ」という話になりやすいようです。実際のところ、「危険」とされる原材料は猫の体に害があるのでしょうか?

例えば、BHA/BHTといった酸化防止剤は危険視されることがありますが、キャットフードには試験で無害と確認された量の100分の1程度しか使われておらず、安全性はきちんと評価されています。

ネットにあふれた「○○は危険」という情報は、害か無害かの二択しか許しませんが、世の中そう単純なものではありません。考え方によっては酸素やビタミンAが強力な発がん性物質になり得るように、程度の問題で片付けられるケースが非常に多いのです。つまり、生体に影響のないレベルの発がん性物質は恐れる必要がないと私は考えています。

ネット社会の過剰な表現に惑わされないためにも、情報を受け取る側も見抜く目を養わなければならなりません。

気になる記事を見つけた場合、まずは引用文献や参考文献の有無を確認してみましょう。できれば、情報源の科学的信頼性まで確認したいところです。

真っ当な専門家は自身の発信する情報に責任があり、自説の正しさを保証するため、科学的根拠に基づいた情報発信をしています。科学的根拠のない記事は著者の感想文のようなもの。いくら医師や獣医師のような専門家を名乗る人が書いたものでも、信頼性が低いと判断できます。そのような記事からはひとまず距離を置くのが大事です。

この本では猫ごはんに関する知識とともに、猫ごはんのお悩みを大きく3つのタイプに分け、解決法をご紹介します。

まずは、以下のチャートでおうちの猫がどのタイプに当てはまるのか診断してみましょう。

好き嫌いなし！ エリートタイプ

好き嫌いなく、何でもおいしく食べられるエリートタイプの猫です。病気になっても、スムーズに療法食に切り替えることができ、治療に専念することができます。新たに子猫を迎える場合には、ぜひこのタイプに育つように心がけてみてください。（第5章138ページへ）

A.グルメタイプ

実に猫らしく、気まぐれさが際立つタイプです。①のタイプは食飽きが強く、前回与えた時には食べたのに、すぐにそっぽを向いて食べなくなることがよくあります。②のタイプは鮮度を重視する傾向があり、新しい袋を開封したり、別のフードに変えたりすると食べる特徴があります。（第5章114ページへ）

B.老化・病気タイプ

体調不良により食欲が低下しているタイプ。うちの子は元気で病気なはずがない！ なんて決め込んでいると思わぬ落とし穴も。猫は体調不良を隠すのが上手で、一見元気そうに見えても具合が悪い場合もあります。そのような場合に食欲が落ちると、飽きたように見えることがあります。（第5章132ページへ）

猫ごはんお悩みタイプ診断チャート

START

猫の食事の好き嫌いについて、次の3つのうち一番近いものはどれ？

①いつでも何でも食べる

②比較的何でも食べるが、急に食べなくなることがある

③絶対に口にしないキャットフードがある

次の2つのうち一番近いものはどれ？

①普段から警戒心が強い（Cタイプへ）

②同じ食事、味の似た食事を与えがち（Cタイプへ）

ごはんを食べなくなった時、一番近い状況はどれ？

①同じフードを連続して与えると食べないが、違うフードに変えると食べる（Aタイプへ）

②食べなくなったフードでも、新しい袋を開ければ食べる（Aタイプへ）

③食事前後に痛かったり、苦しかったり、嫌な思いをした可能性がある（Bタイプへ）

④暑かったり、ぐったりして体調が悪そう（Bタイプへ）

⑤10歳以上から急に食べなくなった（Bタイプへ）

C.新しいもの嫌いタイプ

気難しいタイプ。同じ経験不足タイプでも、①のタイプは社会経験の不足、②のタイプは食経験の不足が原因として考えられます。ずっと食べていたような限られたものだけを好んで食べます。ドライフード好きで、缶詰などウェットフードは食べない猫もよくいます。健康な時には問題になりにくいのですが、食事を切り替えなければならない時に苦労することがよくあります。（第5章123ページへ）

だぁ

第2章

猫の習性

××××××××××××××××××××××××

猫ごはんのお悩みを解決するためには、まず猫についてよく知ることが大切です。

その一つとして、この章では猫の習性について紹介していきます。

「肉食」である猫ならではの食性から、食事以外の「ハンター」としての猫の習性まで、様々な面から猫について理解を深めていきましょう。

猫はこう進化してきた

猫は「真性の肉食」

そもそも、猫は本来、何を食べる動物か知っていますか？　答えは「肉」です。ここでいう「肉」は私たちがよく口にする畜肉の筋肉からなる部分だけでなく、内臓など動物の体全体、魚や昆虫、両生類などのことを指します。

実は、猫は人間と共存する動物の中で唯一の肉食動物。炭水化物やその他の植物性食品を生存に必要としない「真性の肉食動物」なのです。

いま私たちの身近にいる猫は「イエネコ」という種類ですが、イエネコの祖先は長いながい年月をかけて、肉だけを食べる生き物として進化してきました。

草食か肉食か

肉食には、大きなメリットがあります。それは栄養補給の効率がとても良い、ということです。

草食動物の場合、自身の体と、餌となる植物では構成する成分が大きく異なります。植物を食べてもそのままでは利用できない栄養成分があるため、まず自分の体内の貴重なエネルギーや栄養成分を使って変換しないといけません。例えば、ニンジンにはβ（ベータ）-カロテンという成分が豊富に含まれていますが、動物の体内でβ-カロテンをそのままビタミンとして利用することはできません。体内のエネルギーを消費して分解酵素を作り、その酵素のはたらきでβ-カロテンをビタミンAに分解することで、ようやくビタミンとして体内で利用できるようになります。このように、草食動物は植物成分を哺乳（ほにゅう）類の体に適した形に作り替える必要があるのです。

猫はなぜ真性肉食になれたのか

一方、肉食動物はどうでしょうか。猫の場合、獲物となる小型哺乳類の体を構成する成分は猫自身のものとかなり近いため、ただ食べて吸収するだけで多くの栄養素をそのまま利用できます。先のビタミンAを例に挙げれば、猫は獲物の肝臓を食べるだけで豊富なビタミンAを補給することができます。草食動物と比べて、栄養効率がすこぶる良いのです。

獲物が豊富な環境であれば、多くの動物が肉食へと進化するかもしれません。けれども、そうならないのは、獲物の奪い合いが発生するため。そこで、餌の確保しやすさを優先したのが草食動物や雑食動物です。栄養効率が多少悪くても、競争相手の少ない草（植物）を食べることで、餌不足に陥るのを回避することができたのです。

猫が植物に栄養補給を頼る必要がなかったのは、小型の哺乳類や鳥類だけで飢えをしのぐことができたから。その中でも特にネズミが世界中で多く繁殖していたのです。ネズミを主食に選ぶにあたり、猫の体もそれに適した形へと進化しました。猫は栄養効率も生存競争も総取りした勝ち組なのです。

野生の猫の獲物や狩りについては、第3章でさらに詳しく解説していきます。

猫は新しいもの好き（ネオフィリア）

一匹目のネズミはうまい

猫には「新しいもの好き」という性質があります。専門用語では「ネオフィリア」といいます。これは肉食動物に共通する性質でもあるのですが、同じものを連続して食べると「おいしさ」が極端に減退してしまうのです。

例えば、猫が二匹のネズミを連続して捕食したとすると、二匹目の味覚的な目新しさが極端に弱くなり、おいしく感じなくなります。人間でいうと、ビールの一杯目はおいしいのに、二杯目はそうでもなくなる……という感覚ですね。

いったいなぜ、猫は「新しいもの好き」になったのでしょうか？

理由①栄養バランス

人間と同じで、猫も同じものばかり食べると栄養が偏ります。ネズミを捕食するだけでは、猫の体に必要な栄養素を十分に補うことはできません。猫が適切な栄養バランスを保つには、さまざまな獲物を捕食する必要があるのです。つまり、野生の猫は「新しいもの好き」の性質のおかげで、特定の種類の獲物ばかりに執着せず、幅広い獲物を食べて栄養バランスをとることができるのですね。

理由②どんな獲物でも食べる必要がある

生態ピラミッドといって、食物連鎖の各段階の生物がどのくらいいるかを図示したものがあります（左頁参照）。段階が高くなるほどその生物は少なく、段階が低くなるほど多く存在しており、猫はこのピラミッドの頂点に君臨します。けれども、猫が獲物とするネズミなどの小型哺乳類は、猫よりも数が豊富だとはいえ、やはり植物に比べると格段に少ないことがわかります。

猫が獲物と遭遇するシーンを想像してみましょう。もし猫が新しいもの好きではなかっ

生態ピラミッド図

たら……「なんだろうこの生き物、見たことないぞ。うーん、食べるのはよそう」と、貴重な捕食の機会を逃すことになってしまいます。肉食動物として生き残るためには、「見たこともない獲物でも抵抗なく食べられる」ネオフィリアの性質が必要不可欠なのです。

理由③毒から身を守る

野生下では毒を持った生物を捕食してしまうこともあるでしょう。その多くは弱毒ですが、気づかぬうちに体内に蓄積するような毒もあります。猫や人間に身近な例を一つ挙げると、ペットフードでも含有量の基準値が決められている有機水銀がありますね。これはマグロなどの海産物に多く含まれる毒素で、少量食べるぶんには問題ありませんが、継続して多量に摂取すると、中毒を引き起こすこともあります。そして、体内に蓄積されるような毒素は生態ピラミッドの頂点に近いほど、摂取する際のリスクが高まります。もしも猫がネオフィリアでなかったら、毒のある獲物を何匹も食べてしまい、毒にやられてしまうでしょう。つまり、猫は新しいもの好きのおかげで、毒から身を守っているというわけです。

COLUMN 2

穀物割合の多いカリカリはかさ増し？

カリカリ（ドライフード）のパッケージにある原材料の欄を見てみましょう。ここからはカリカリの安全性や特徴などを読み取ることができます。

現在、ペットフードの原材料は「ペットフード安全法」によって、使用したすべての使用原料の表示義務が課されています。また、「ペットフードの表示に関する公正競争規約施行規則」により、使用量の多い順に記載することも定められています。

しかし、原材料欄の書き方は一般の人には馴染みが薄く、透明性が低いように思えます。説明できる専門家も多くはありません。それゆえ、原材料表示が原因で誤解が生じ不安感を抱くこともあるのです。

例えば、とうもろこしや小麦などが最初に表示されるカリカリは、「穀物でかさ増ししてコストを下げている質の悪い食事」だといわれることがあります。しかし、これは大きな間違い。実際のところ、含まれる水分量で生肉の重量が増えているだけで、生肉でもパウダー状の肉でも含まれる純粋なタンパク質量は変わらないのです。

タンパク質原料に生肉を使う場合、約80％が水分なので、当然水分の量だけタンパク質原料の配合量が多くなります。一方、パウダー状の肉はほとんど水分がないため、タンパク質原料の配合量は少なくなり、穀物原料の配合量が多くなるのです。

ちなみに、パウダー状の乾燥した肉を使う理由には管理のしやすさがあります。乾燥させることで菌の繁殖を抑え、サルモネラなどの食中毒のリスクを下げることができるのです。このように安全性も保証されているので、ぜひ安心しておうちの猫に与えてくださいね。

猫はじゃれるのが好き（狩り欲）

猫はなぜじゃれる？

猫じゃらしを引っ張り出してきて「遊んでよ」とおねだり、ゆれるカーテンに飛びかかる、フリンジのついた服にじゃれついてボロボロに……どれも、猫と暮らしている人なら一度は経験があるでしょう。このように猫はじゃれるのが大好きです。

実はこの「じゃれ欲」にも、ちゃんとした理由があります。じゃれる行動は、猫の狩り、そして食習慣と大きな関係があるのです。

猫は1日に100回狩りをする

まず、野生の猫が1日に何回食事をするかご存じでしょうか？　正解は、なんと10回以上！

このように、本来猫は頻回小食、つまり「ちょこちょこ食い」の動物なのです。

野生の猫は食事の度に狩りをしなければなりませんが、その成功率は10回に1回ほど。10回に1回しか成功しない狩りで、1日に10回食事をとらなければならない……つまり、1日に100回も（！）狩りをする計算になるのです。

猫はこれほど多くハンティングをする必要があったので、それが苦痛にならないよう、狩り＝楽しいものとして、進化してきたと考えられます。


この「狩り欲」「じゃれ欲」は本能的なものなので、猫にコントロールはできません。欲求が満たされないことはストレスになります。連続でなくてもいいので、1日に合計100回くらい猫じゃらしに飛びつかせてあげるのがよいかもしれません。そして10回に1回くらいハントを成功させてあげると、猫の自尊心が育まれるでしょう。おうちの猫に「遊んでよ」と要求された時には、なるべく遊んであげてくださいね。

猫の睡眠時間は16時間以上

猫の語源は「寝子」「寝好」？

猫の1日の睡眠時間は、なんと約16時間。江戸時代の本草学者※、儒学者の貝原益軒が書いた『日本釈名』という本には、古い猫の呼び方である「ねこま」の考察が紹介されており、その由来は餌である「ネズミ」の「ね」からきているというもののほかに、「寝る」を「好む」の略だという一説があります。「寝子（＝寝る子）」に由来するという説もあるそうです。猫はそれほどよく眠るのです。

いったいなぜ、猫はこんなに長い時間眠るのでしょうか？

野生で生きのびるための「省エネ戦略」

実は長く寝ることも、猫の生存戦略の一つなのです。先述したように、肉食動物は草食動物に比べて獲物に出会う確率がそもそも低いので、貴重な狩りのチャンスにはエネルギーを集中的に使いたい。つまり、狩り以外の時にはなるべく動かず、時には眠ったまま獲物を待ち続けるなどして、活動エネルギーを節約する必要があります。

例として犬と比べてみましょう。動物が一日中安静にした状態でも消費する、生存に不可欠なエネルギーを10とします。これは体の大きさは関係ありません。室内飼いの猫が日中の活動（運動、排泄（はいせつ）など）に使うエネルギーは4、合計で1日に14のエネルギーが必要となります。一方、室内犬が日中の活動に使うエネルギーは8、合計で18必要となります。単純に計算すると、猫は犬より4少ないエネルギーで生きている。つまり約20％も省エネというわけです。

猫が寝てばかりいるのは、雑食や草食ではなく肉食を選択した彼らが、より効率よく食べて生きるための「省エネ戦略」だったのですね。

※…中国および東アジアで発達した植物を中心とする薬物学。

猫の五感①嗅覚

猫は人間よりはるかにニオイに敏感

猫の嗅覚は、人間よりもかなり発達しているとされています。単純に何倍とは比較しにくいのですが、例えば猫はニオイを感じる「嗅覚上皮」の面積が人よりも広く、その中にある嗅覚細胞の数もはるかに多いのです。人間は0・4億個程度なのに対して、猫は約2億個も（ちなみに犬は10億個ほど）あるといわれています。

この優れた嗅覚が、天敵や獲物の探知、猫同士のコミュニケーションに役立っています。

猫が嫌がるニオイとは？

猫を含む多くの動物は、食べ物が腐っていないか、毒がないか、といったこともニオイから判断します。猫が嫌がるニオイについては、研究によってある程度わかってきています。

1 柑橘系の香り

ミカンやレモンのニオイは大の苦手。こたつで一緒にぬくぬくしていた猫が、ミカンをむきはじめた瞬間、一目散に逃げていく……というのは、このためです。

2 腐敗、酸化した油脂のニオイ

猫は「新鮮肉食動物」なので、腐敗した酸っぱいニオイを特に嫌います。その中でも、猫が敏感に感じ取るのが油脂の腐敗です。その時に生じる成分を、専門用語で「低級脂肪酸」といいます。例えば、お酢の主成分である酢酸も低級脂肪酸の一つです。

同様に、酸化した脂肪が放つニオイも猫の食欲を大きく減退させる要因です。特に魚の脂は酸化しやすい不飽和脂肪酸という成分が多く、すぐにおいしさが失われてしまいます。そのため、猫の食事をおいしく保つには脂を酸化や腐敗から守る技術が不可欠なのです。

このように香りはおいしさにも大きく影響しますが、猫が好む香りや味の研究は各キャットフードメーカーが最も競い合う、一番重要な情報。なかなか公表されません。

そこで猫に喜んでもらえるかもしれない情報を一つ。香りと記憶は強い結びつきがあるようで、特定の香りにより過去の記憶を呼び覚ますプルースト効果というものがあります。猫の特別な日に特別な香りのカリカリを与えることで、思い出を慈しみながら食事をすることができるかもしれません。

猫の五感②触覚

触れたものの形や質感、温度を感じる「触覚」は、猫の食事のおいしさに大きく影響します。ポイントは①食べやすさ、②口当たり、③温度の３つ。順番に解説していきます。

●ポイント①食べやすさ：優雅な食べ方を邪魔しないこと

猫の食べ方と飲み方はとても特徴的。猫の水飲みは「優雅」とも表現されることがあるほど、他の動物と比べて口元が汚れにくいようです。猫はきれい好きなので、体を汚すような食べづらい・飲みづらい状況は、食欲を減退させてしまいます。猫が不自由なく食事できるよう、まずは猫ならではの食べ方・飲み方を知っておきましょう。

【食べ方】

①唇でつかむ……猫が一番よくする食べ方。ゼリーや固形のウェットフードもこの食べ方をすることが多い。

②舌上でつかむ……舌で食べ物を包み込むようにする。

③舌下でつかむ……舌裏ではさみ、口の中に引き入れる。ヒマラヤン、ペルシャなどの短頭種に共通した食べ方。

④シャベル法……切歯（前歯）ではさみ、口の中に入れる。シャムのような長頭種が好む食べ方。

猫の食べ方の図

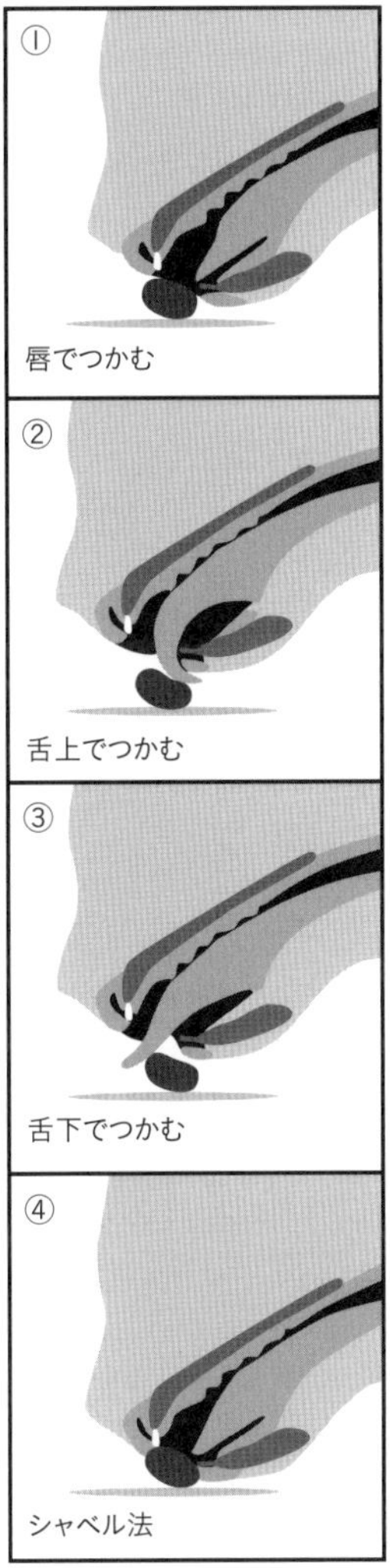

①唇でつかむ

②舌上でつかむ

③舌下でつかむ

④シャベル法

Encyclopedia of Feline Clinical Nutrition, Royal Canin (2010) を元に作成

【飲み方】

①舌をJの字に曲げ、舌先を水面につける。

②すばやく舌を引っ込ませることで水柱を作る。

③水柱をぱくっと口に含んで飲み込む。

猫の飲み方の図

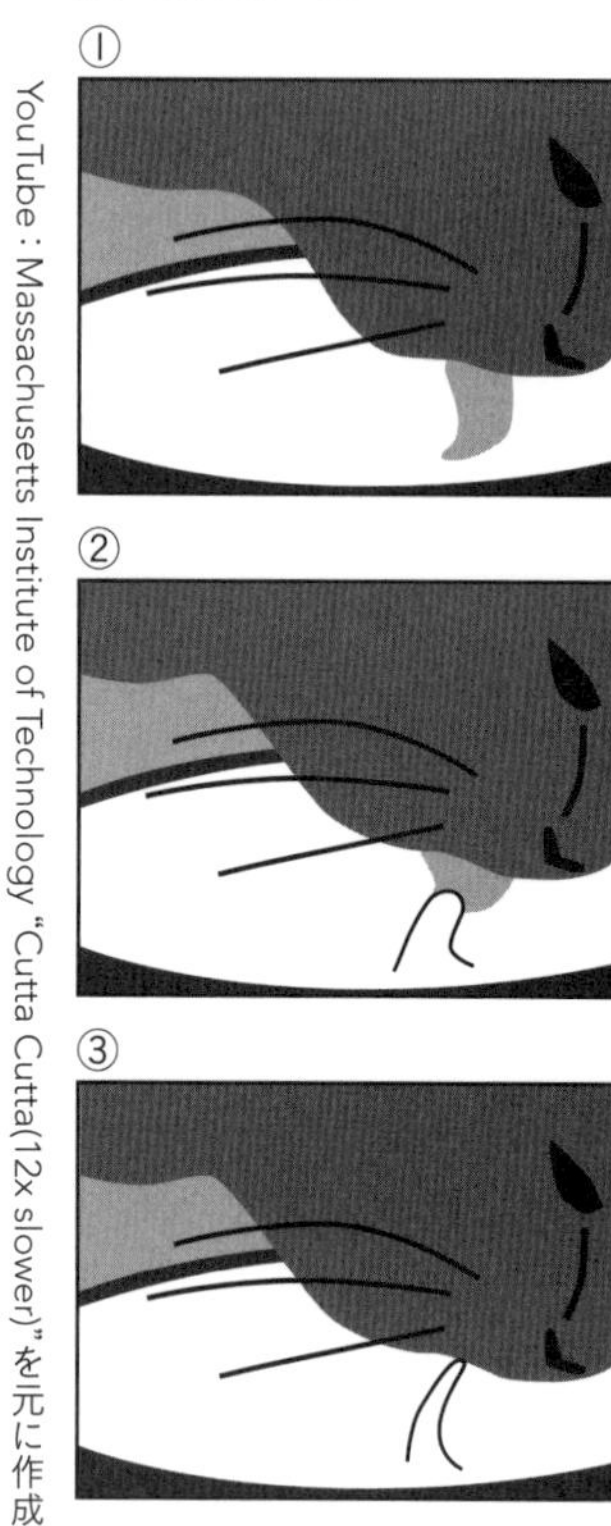
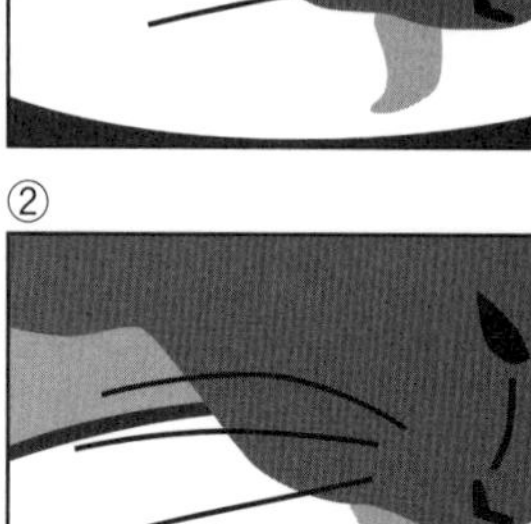

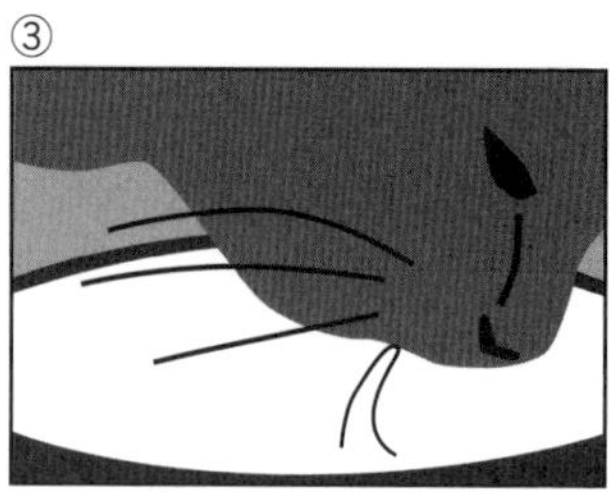

YouTube：Massachusetts Institute of Technology "Cutta Cutta(12x slower)"を元に作成

ポイント②口当たり：カリカリ？　しっとり？　はっきりさせる

【歯触り】

猫は歯切れのよい触感を好みます。猫の奥歯は、人間のような「すりつぶす」ための形状ではなく、肉を噛（か）みちぎりやすいように、ハサミ状になっているためです。ハサミといえば、ガムテープなど粘着テープを切ると、刃が粘ついて使いにくくなりますよね。猫の歯も同様で、粘りつくような食感は大嫌いです。このような理由から、湿気（しけ）ってベトついたカリカリは、猫に嫌われます。

猫が歯切れのよい、クリスピーなカリカリ食感をとても好むのには、もう一つ理由があると私は考えています。カギとなるのは餌となる小動物。ネズミのような小動物を食べる時、骨がパキパキくだける感触が、カリカリに近いのではないでしょうか。いずれにしても、猫が食感を味わう動物であることは間違いないでしょう。

【舌触り】

実は、猫は水分10％以下、もしくは75〜80％の食べ物しか好んで食べません。中途半端は嫌いなのです。ただ、水分10％以下であっても粉っぽい舌触りは嫌います。これは、猫は唾液が少なく、飲み込む際に十分に湿らせることができないからかもしれません。猫が砕けたカリカリのカスをあまり食べないのもこのためでしょう。粉状の食べ物は中途半端に水分を吸って、猫の嫌いな舌触りになるのかもしれません。

なお、舌触りの好みは子猫の頃の経験や環境に影響されます。猫は基本的にウェットフードを好みますが、生まれた時から人と暮らしていてずっとカリカリしか食べてこなかった猫は、ウェットフードを拒否することもあるようです。

【ひげ触り】

最近の研究で、猫が食事をやめてしまう原因に「ひげ疲れ」があるとわかりました。猫のひげは神経が通った「感覚毛」で、いわば口まわりのアンテナ。食べ物がひげにつくのはストレスとなり、食欲を低下させます。そのため、食事中は皿や食べ物に触れないようにひげを引っ込めていますが、長時間になると引っ込めるための筋肉が疲れるので、食事をやめてしまうのです。この「ひげ疲れ」を避けるには、ひげが当たりにくい、広口で底の位置が高い皿にしてあげるといいようです。

●ポイント③温度：実は温かい物が好き

「猫舌」のイメージから誤解されがちですが、猫は温かい食べ物を好みます。最も好きな食事の温度は38・5℃。これは獲物とする小動物の体温とほぼ同じ温度で、野生の猫は獲物の体温が下がりきらないうちに食べるためだといわれています。もちろん熱すぎる食事は食べませんが、冬場の冷えたウェットフードや、冷たすぎるカリカリも嫌われるのでご注意を。

COLUMN 3

猫にグレインフリーは必要？

×××××××××××××××××××××××××××××××

前回のコラムでは穀物について説明しましたが、グレインフリーのフードについても説明したいと思います。

最近では専門店以外でもグレインフリーのカリカリが手に入るようになりました。グレインフリーとは、小麦や米、とうもろこしなど、植物性のイネ科原料である穀物が含まれていないペットフードのこと。穀物アレルギーを避けられる期待から購入を考える飼い主もいるようです。しかし、何よりも真性の肉食動物には不要とされる植物性の穀物を含まないことから、猫に最適な食事だと信じて購入されるのだと思います。

しかし、ここにも大きな勘違いがあります。実は、グレインフリーのカリカリにも大量の植物性原料が使われているのです。

グレインフリーのフードの原料欄を見ると、豆やポテト由来のデンプンが含まれていることがわかります。カリカリの良い食感を生み出すためには40％程度の炭水化物が必要。つまり、グレインフリーのカリカリにもそれぐらいの量の植物性炭水化物が含まれているということです。

古くから狩猟文化が根付いていた西欧諸国では、猫はもちろん犬も肉食だと信じる人が多く、肉は「自然」な食べ物で、穀物は野生下では食べない「不自然」な食べ物だと考えられることもあるようです。グレインフリー食は、そんな国々のペットフードメーカーが仕組んだ販売戦略の一つともいえます。つまり、猫の健康面においては、あえてグレインフリーという選択をしなくても問題ないということです。

どんなカリカリを選ぶか悩んだ時は、ぜひおうちの猫ちゃんが好んで食べるフードを優先してあげてください。

猫の五感③聴覚

ネズミの声がよく聞こえる

猫が耳を動かすために使う筋肉は、なんと20個以上。動物の中で突出して数が多いといわれています。このことからも、猫にとって聴覚がいかに重要かがわかります。

これには猫のハンターとしての性質が関係しています。獲物が発する音を敏感に聴き分けて、その位置を正確に把握するには、発達した聴覚が必要でした。特にひっかく音やきしむ音に強い興味を示します。猫が聴きとれる音域は25～10万ヘルツ程度で、特に5万ヘルツ前後の音に敏感だといわれていますが、これはネズミなどのげっ歯類の発声音域（2万～9万ヘルツ）のちょうど真ん中。猫の耳は、獲物の鳴き声が最もよく聞こえる耳、というわけです。

音でおいしさが増す？

「イグノーベル賞」という、「人々を笑わせ、そして考えさせる業績」に与えられる賞があります。２００８年にこの栄養学賞を受賞した研究で、「ヒトはポテトチップスを食べる時、自分の咀嚼音（そしゃくおん）をヘッドフォンで増幅して聞かせると、食べているポテトチップスが実際よりもザクザクしていておいしいと感じる」というものがありました。

前述したように、猫はカリカリを噛み砕く「感触」を好んでいますが、もしかすると人間と同じように、カリカリとした「音」もおいしさに影響しているのかもしれません。

猫の五感④視覚

夜行性ゆえに発達した視覚

猫はもともと夜行性だったため、わずかな光も増幅させて見ることができます。瞳孔の開く面積の比率は人間の約3倍。大きく開いたり、小さくなったり、変化する瞳孔の様子が月の満ち欠けを連想させることから、古代エジプトでは月の象徴とも考えられてきました。日本でも、昔は猫の瞳孔が時刻を知る手段として活用されていたようです。

キャットフードを着色するのは誰のため？

一方で、実は色覚については、人間ほど多彩な色を認識できません。例えば、赤色は認識できないとされています。猫のカリカリに着色料は必要ないといわれるのはこのためです。

特に合成着色料などは猫にとっておいしさや栄養学的な価値は全くありません。しかし、着色されているカリカリはおいしそうだと積極的に手に取る飼い主が多いのも事実です。そのような背景から、キャットフードからは着色料が消えません。着色料は見た目を重視する飼い主に満足してもらうために使われているのです。

かつて、さまざまな味がミックスされたカリカリが人気を博した時代がありました。粒の色ごとに違う味付けがされているならば、一粒食べるごとにネオフィリア（＝新しいもの好き）の特性が満たされて、猫の満足度を高めることができます。けれども、コスト削減などのため、味は同じで「色」だけ違うカリカリを「ミックス」として売るようになったケースもあるのです。「ミックス」のフードを選ぶ際は、注意してみてください。

あなたは
だんだん
眠くな…
ぎん
強いじゃれ欲

第3章

猫の味覚

××××××××××××××××××××××××××

この章では「甘味」や「酸味」など、猫がどのように味を感じるかについて紹介していきます。

このほかにも、野生下の猫の食事や、猫の食経験がどのように育まれていくかなどについて理解を深めていきましょう。

猫の味覚①甘味

そもそも味覚はなんのためにあるのか

生き物にとって味覚とは、本来、食べ物や飲み物の栄養素を判定し、毒物を避けるためにあります。そのため、その生き物の体に必要な成分ほどおいしく感じるようになっています。たくさん汗をかいた時、塩味のきいた枝豆をおいしく感じるのは、汗で失ったミネラルをより強く感じるようになるためです。また、妊婦はカロリーを必要とするため、甘味を強く感じるようになることも知られています。

味覚には大きく分けて甘味、酸味、塩味、苦味、旨味（うまみ）の5つがあります（辛味と渋味は、味を感じる細胞ではなく痛覚への刺激によって感知されるので、味覚ではなく触覚に含まれます）。これを基本五味といいます。それでは猫の味覚はどうなっているのか、人間の基本五味に沿って、順に見ていきましょう。

「甘党」の猫はいない⁉

人間にとって代表的な「甘味」といえば砂糖ですが、砂糖をはじめとする植物由来の糖分を、猫は「甘い」と感じません。パンケーキを彩る(いろど)メープルシロップやはちみつも、猫にとっては甘くないのです。いったいなぜでしょうか？

甘味とは、エネルギーになる成分を感知するための味覚です。私たち人間をはじめとする雑食や草食の動物は、植物由来の糖をエネルギーにするので、糖の甘さを感じるようにできています。

糖は基本的に、米や麦、イモ類など植物性食物に含まれる栄養素ですが、これら植物性食物には、肉食動物が必要とするだけのタンパク質やアミノ酸が含まれていません。もしも猫が糖による甘味を好んで米やイモばかり食べるようになると、タンパク質不足により生存できなくなってしまいます。猫は糖の甘味を感じる機能を失うことで、肉食に必要な食事選択ができ、栄養バランスを保つことができるようになったのです。

ただし、猫は肉や魚を構成するタンパク質に含まれるアミノ酸から糖を合成してエネルギーにするため、アミノ酸の「甘味」は感じるようです。

血に飢えた獣の不思議

余談になりますが、長年疑問に思っていたことがあります。それは、猫の血液に含まれるブドウ糖は体に欠かせない成分であるはずなのに、フクロウなどの猛禽類やその他ネコ科の肉食動物には糖の甘味を感じないという共通点があること。

この疑問を解決するヒントが「血粉」にありました。血粉とは、鶏など家畜の血液を乾燥粉末にした飼料原料なのですが、肉を乾燥粉末にした「肉紛」と比べると消化が悪く、栄養価も劣ります。なので、肉食動物にとって糖を含む血液は体を構成する栄養源としてそれほど重要ではないのかもしれません。大事なのは血よりも肉、ということです。

ホラー映画や漫画ではよく「血に飢えた獣」という表現もありますが、猫の場合は血に飢えているわけではなさそうです。

猫の味覚②酸味

猫は酸味にとても敏感

猫は酸味への感度がとても高いことがわかっています。これはつまり、猫にとって酸味が重要な味覚だということです。

その理由として、これまでは「腐敗した味（酸味）を感知して避けるため」というのが一般的でした。実際、そのように書かれた猫の飼育本も多く出回っています。これはJ・E・シュタイナーという味覚研究者がヒトの新生児の味覚識別能力を研究した説にもとづいているのですが、猫の場合はちょっと事情が違うのではないかと、私は考えています。

少し専門的な話になりますが、腐敗した物の酸味というのは、微生物が有機物を分解して作る「有機酸」によるものです。この有機酸（酢酸、酪酸（らくさん）など）のほとんどが糖や繊維から作られるのですが、これらは植物由来の成分です。猫が食べる肉や魚の主成分である

タンパク質や脂質からは、腐敗による有機酸はほとんど作られません。そして、先にも述べたように猫は嗅覚が発達しているため、そもそも食べる前にニオイで腐敗を感知できるはず。つまり、猫が酸味に敏感なのは、腐ったものを避けるためではなく、別の理由があると考えられます。

謎を解くカギは、「酸味は猫の大好物」ということです。特に酸性、アルカリ性の程度を表すペーハー※（pH）でいうと、4～5程度の酸を好むようです。2種類の「酸」を例に挙げて、猫が酸を好む理由について少し考察してみましょう。

酸味①リン酸

リン酸は、筋肉に多く含まれる成分です。猫は、ネズミやカエルなどの獲物の筋肉の存在を感知するために、酸味の感受性を高めたと考えられます。実際、猫がリン酸の味を好むことから、多くのキャットフードにはピロリン酸というリン酸の化合物が配合されています。

酸味②乳酸

乳酸は、激しい運動をすると筋肉にたまる成分です。食肉処理の際に暴れて乳酸がたまった肉は酸性化して熟成が進まなくなるので、人間にとってはあまりおいしくありません。一方で、乳酸は酸味を好む猫にとってはおいしさの秘訣(ひけつ)かもしれません。というのも必死に逃げ回った獲物ほど乳酸がたまって酸性化しているはずだからです。実際、猫は捕らえた獲物をすぐ食べず、一通りじゃれて遊んでから食べることがあります。これは獲物の体内に乳酸をためて、おいしく育てているのかもしれません。

酸っぱいニオイは嫌い

猫が酸っぱい味を好むという事実に異論がある人もいるかもしれません。実際、嗅覚のところで解説したように、猫はミカンやレモンなど柑橘類(かんきつるい)の香りが大の苦手です。このことが、酸味嫌いという誤解をまねいてしまっているのかもしれません。

※…pH7が中性、それより低いと酸性、高いとアルカリ性になる。

猫の味覚③塩味

●猫は塩味に鈍感！

私たち生き物の味覚に「塩味」があるのは、食べ物のミネラル成分、特に塩化ナトリウム（いわゆる塩）の存在を感知するためです。塩化ナトリウムは高血圧の原因などとして悪者にされがちですが、血液などの体液調節に重要で、生存には不可欠の栄養素です。

ところが、猫は他の動物と比べても塩味にかなり鈍感です。薄味にも塩辛さにも反応が悪く、0・3～1・4％程度の範囲でしか正確に塩分濃度を感知できないといわれています（ちなみに、海水の塩分濃度およそは3・4％です）。塩分濃度がこれ以上でも、それ以上の塩辛さを感じなくなるようです。

人間の場合、例えば肉なら1％程度の塩味が一番おいしく感じるとされていて、あまりにしょっぱいとそうたくさんは食べられないものです。けれども猫はたとえしょっぱすぎても、「塩辛い」とは感じずにどんどん食べてしまい、塩分のとりすぎになってしまう危険があります。人間の食べ物を与える場合には塩分濃度に注意する必要があるでしょう。

猫は獲物から自然に塩分がとれていた

猫が塩味に鈍感なのは、肉食動物だからです。ネズミなど獲物となる動物の体内にはナトリウムが豊富に含まれているので、野生下の猫はそれらを食べているだけで、十分な量の塩分を補給することができています。積極的に塩分をとろうとする必要がないので、進化の過程でだんだん塩辛さを感じる機能が弱まったのだと考えられます。

一方、植物にはナトリウムがあまり含まれていないので、草食や雑食の動物は塩味を感じる機能を高めて、土などから積極的にナトリウムを摂取してきました。

このように、猫も塩味を感じはしますが、私たち人間が「おいしい」と感じるほどの塩味は猫にとって必要ではありません。人間がキャットフードを味見すると「薄味」に感じるのはそのためです（ただし味見はほどほどに……）。

猫の味覚④苦味・脂肪味

猫は苦味にとても敏感

苦味は、毒を感知するために備わった味覚です。猫は生後10日目頃から苦味を認識しているといわれています。

猫が感じる苦味についての研究は多くありませんが、猫が苦味に対してとても敏感だということは明らかになっています。

キニーネという、古くからマラリアの治療にも使われてきた、苦い成分があります。動物たちにこのキニーネをどのくらい与えると拒否反応を示すか、という実験を行ったところ、犬が拒否反応を示したキニーネの濃度を1とすると、ウサギとハムスターは6・7だったのに対して、猫はたったの０・０１７で拒否反応を示したそうです。

このように、大きさの近い哺乳類の中でも、猫は極端に苦味を苦手としています。なぜ

猫がここまで苦味を苦手とするようになったのか、その原因は定かではありませんが、草食や雑食の動物は生存のために植物に含まれる苦味成分に適応する必要があったのかもしれません。

例えば、植物も食べられまいと苦味を増すような進化をした結果、草食動物たちのほうでも多少苦い植物でも食べられるように苦味に鈍感になっていった可能性が考えられます。つまり、猫が苦味に敏感になったというよりは、むしろ草食や雑食の動物たちが鈍感になっていったのではないでしょうか。

いずれにしても、おうちの猫が食卓の焼き魚に興味津々だからといって、焦げて苦くなった尻尾の端っこをあげるのはよしたほうが良さそうです。

脂肪にも味がある？

2019年、九州大学五感応用デバイス研究開発センターの研究グループによって、人間の脂肪酸の味を伝達する神経が他の五味と独立して存在することが発見され、脂肪にも味覚が働くことが明らかとなりました。

口の中で分解された脂肪酸が、味蕾（みらい）という味覚を感知する細胞中の脂肪酸細胞に作用し、食べ物の中に脂肪が存在することを脳へ伝えるようです。そのほか、脂肪酸は甘味細胞や旨味細胞に作用し、甘味や旨味も感じるようです。これまで、Ａ５ランクの牛肉のような舌でとろける肉の脂が甘く感じるのは遊離アミノ酸とよばれる成分の作用だと考えられていましたが、脂の甘みが関係しているのかもしれません。

残念ながら、これらの研究はまだ新しく、猫にも脂肪味の味覚があるかどうかは明らかになっていません。しかし、肉食動物である猫にとって、油脂は最も重要なエネルギー源。ほかの哺乳類と比べても、脂肪味を強く感じる可能性が高いでしょう。今後の研究に期待です。

COLUMN 4

多頭飼育の食事のポイント

××××××××××××××××××××××××××××××××

猫は本来孤独なハンターで、狭い室内に複数共同生活するなんて、猫にとってはストレスにしかならない——という考え方はもう古い！

最近発表された研究報告によれば、2週間という短期間のうちに空間を共有でき、一緒に遊んで、食事を共有することができるようになるようです。さすがにこの段階では同居猫のことを仲間とはみなしていないようですが、もっと長期的に共同生活を送ることで、次第に仲間意識が芽生えることも考えられます。

ここでは、多頭飼育ならではの食事のポイントをお伝えします。二匹以上の猫が一緒に暮らしていると、だいたいどちらかが太りやすくなります。これは別の猫のごはんまで平らげてしまうため。これをそのままにしておくと、一方だけに療法食を与える場合には問題になることもあります。

これを避けるポイントは、①食欲旺盛な猫に先に給餌、②それぞれの猫に扉の閉まる別の場所で給餌する、この2点です。食欲旺盛な猫に先にごはんをあげることでもう一匹の猫のごはんから意識をそらし、お互い食事が終わるまで扉を閉めてしまえば、横取りを防ぐことができるのです。

ですが、ちょこちょこ食いする猫がいる場合にはこの作戦は難しい。そんな時は缶詰でお腹を膨らませる方法がおすすめです。缶詰などのウェットフードは水分を80％くらい含むため、実はカリカリに比べてカロリー密度は約7分の1と大きな差があるのです。つまり、同じ80グラムでも、カリカリは約290キロカロリー、缶詰は約40キロカロリー。食べ過ぎるのであれば、缶詰のほうがまだまし。値は張りますが、食欲旺盛な猫には総合栄養食の缶詰だけで食事を賄うことも検討して良いかもしれません。

このように色々と工夫して、たくさんの猫たちとぜひ幸せに暮らしてください。

猫の味覚⑤旨味

生き物の種類によって、感じる旨味の種類が違う

旨味は、食べ物の中のアミノ酸やタンパク質を感知するために備わった味覚です。旨味には、大きく分けると、アミノ酸の一種であるグルタミン酸と、イノシン酸やグアニル酸などの「核酸」系のものがあります。グルタミン酸が多く含まれる食品は、昆布、チーズ、醤油(しょうゆ)、トマト、白菜など。核酸系のイノシン酸は肉や魚類に、グアニル酸は干したキノコ類に多く含まれています。

最近の研究で、生き物の種類によって、感知する旨味成分が大きく異なるということがわかってきました。例えば、草食や雑食の生き物の場合、人間はグルタミン酸を強く感じますが、ネズミはグルタミン酸よりも他のアミノ酸に強く反応し、魚類はグルタミン酸に全く反応しないそうです。

猫はどの旨味に反応するのか？

猫が感じる旨味についての直接的な研究はまだありません。同じ肉食の哺乳類でも、アシカやバンドウイルカは、旨味を感じる遺伝子が欠損しているそうです。これはおそらく、魚などの獲物を丸呑み（まるの）にし、舌で旨味を感じる必要がなくなったためでしょう。猫も小さい獲物は頭から丸呑みしますが、ウサギ以上に大きな獲物は奥歯で噛みちぎって食べています。そう考えると、肉や魚に含まれるイノシン酸などの核酸系の旨味物質をよく感知する可能性は十分考えられます。しかし、核酸系物質は腐敗によっても生じることがあり、それは猫が嫌うという報告もあります。これらのことから核酸系物質が必ずしも旨味になるとはいえないようです。

旨味は、１９０８年に日本人の研究者が昆布の旨味成分を発見し、それが味覚の一つとして認められたのは最近（２００２年）のことです。旨味自体が比較的新しい研究対象であるため、猫が感じる旨味についてもまだわかっていないことが多く、これから研究が進むことを期待しています。

野生下の猫の食事

ウサギ、鳥、トカゲ、魚、虫、ザリガニ……何でも食べる野生猫

一般的な環境に生息する野生猫が食べる物のうち、約7割を哺乳動物が、約2割を鳥類が占めるようです。これは猫の行動観察やフンの内容物を調べた結果から類推されています。フンの調査は臭いけれども簡単で、野生動物の食性調査で最もよく行われる手法です。野生猫のフンの中にはトカゲ、カエル、魚、昆虫、クモ、ザリガニ、軟体動物なども見つかり、わりと何でも食べていることがわかります。ただ、これらはネズミなどの哺乳動物や鳥類に比べ出現頻度が低いため、主食ではなくおやつのような感覚なのかもしれません。

そして哺乳動物で猫に最も食べられているのは当然ネズミ……とはなりません。意外にも、現代の野生猫が最も好んで捕食するのはウサギです。ネズミなどのげっ歯類とウサギの両方が生息している地域では、猫はウサギを好んでハントすることがわかっています。

この理由については、現在まであまり議論されていません。ネズミより体の大きなウサ

ギのほうが、一度のハントの成功でより多くの栄養を補給できるためでしょうか。地域によっては、ウサギとの遭遇率がげっ歯類よりも高い可能性もあります。とはいえ、こうした地域でもウサギに遭遇しにくい冬季にはノネズミが主要な獲物となるなど、げっ歯類が野生猫の重要な獲物であることに変わりはありません。

陸と島の猫は食べている物が違う

右で述べたのは主に大陸に生息する猫の食性ですが、生息する地域によって、猫の食性は大きく変わります。調査によると、大洋島（大陸と地続きになったことのない島。ハワイや小笠原の島々など）の野生猫は、ミズナギドリ、ペンギン、アジサシなどの海鳥を主食にしています。大洋島には元々哺乳類が少なかったため、水鳥中心の食生活になったのでしょう。ちなみに、大陸でも鳥類は捕食され、よく捕食されるのはムクドリ、ハト、スズメ、キジなど、主に地上で餌をついばむ種です。

さて、ヤマネコのフンを見ると、まれに魚を食べた痕跡が見つかります。果たして彼らは川を泳ぐ魚を捕食したのか、それともたまたま浜辺に打ち上げられた魚を食べたのか。猫の魚食についてはは次のページから詳しく解説します。

猫と魚をめぐる議論

「猫は魚好き」のイメージは日本だけ？

猫の魚好きは日本各地に残る猫伝承の中にも垣間見られます。貧しい生活ながら、毎日魚を与えられてかわいがられた猫が恩に報いる伝承は各地に残っています。和尚さんのお寺を繁盛させたり、生き別れの父子を再会させたり、そのバリエーションはさまざま。中には魚をぬすむ泥棒猫もおり、日本では猫が魚好きというイメージが古くから根付いています。そのため、お店に並ぶ国産のキャットフードには、チキンやビーフなどの肉味以上に、マグロやカツオ、タイなど魚味の商品が目立ちます。ところが、海外のキャットフードは肉味が主流で、猫が魚を食べるイメージにピンとこないようです。

本来、猫は魚が好きなのでしょうか？

実は、猫が魚好きといわれるのは、日本の魚食文化に影響を受けたからだといわれています。日本の猫が爆発的に増えた江戸時代まで、人々は仏教の五戒の一つ「不殺生戒（殺

生の禁止)」から肉食(にくじき)が禁止され、タンパク質を魚から得ていました。人間と一緒に暮らしていれば、食の好みは大きく影響するもの。それゆえ、日本の猫は魚好きとなったと考えられています。

つまり、猫は生来の魚好きというわけではなく、日本人の食生活に猫が馴染(なじ)んだ結果であって、「猫=魚好き」というのは後天的に作り上げられたイメージだといわれているのです。

異議ありっ! 猫は生来の魚好き!?

しかし、そんな通説に私は異論を唱えます。通説を否定するような猫の行動が、たびたび報告されているからです。

①自ら水に入り、池の鯉を上手にすくう猫がいる

ターキッシュ・バンという猫はトルコのバン湖で泳いでいるのを見たイギリス人が母国へ持ち帰り、広く知られるようになった品種です。後肢(うしろあし)が発達しており、水をかき分け泳ぐのを得意とします。特殊な油分の多い被毛で水をはじきやすい特徴もあるようです。

日本でも、まれに池の鯉(こい)を野良猫が上手にすくって陸揚げすることがあるようです。

②泳いでいる魚を捕食するヤマネコがいる

イリオモテヤマネコの水中能力は高く、潜水して泳いでいる魚を捕食することが知られています。スナドリネコも「漁(すなど)る」という名前の通り、浅瀬から魚をすくって捕食するヤマネコです。そのほか、ベンガルヤマネコ、ジャガー、ジャガランディも泳ぎが得意と報告されています。ツシマヤマネコもフンから魚の痕跡が見つかっています。

③新しいもの嫌い（ネオフォビア）の猫でも魚を食べることがある

27ページで「新しいもの好き(ネオフィリア)」という猫の特性について説明しましたが、反対に「新しいもの嫌い（ネオフォビア）」の性質を持った猫もいます。詳しくは77ページで説明しますが、この性質を持った猫は基本的にこれまで食べたことのある食事しか食べなくなります。ところが、例外的にツナ（魚）は好んで食べたという報告があるのです。

この報告は、生後3週目から6か月間、特定の食事だけを与えて育てた実験によるものです。ツナ缶だけで育てたグループは、実験後ツナ缶だけしか受け付けなかったのに対し、ビーフ缶だけで育てたグループはビーフだけではなくツナ缶も喜んで食べたということです。つまり、ツナはネオフォビアを打ち消すほど嗜好性の高い素材だということがわかります。

このほかにも、魚、キャットフード、ネズミのいずれを好むのかを比較した研究では、ネズミよりも魚、キャットフードを好んで食べたという報告がなされています。そして注目すべきは、これらの研究はいずれも日本ではなく、海外で行われた研究だということです。寿司が世界に広まった影響か、最近では海外でも猫が魚を好むことに気づき始め、「ツナジャンキー」と表現されることもあるほどです。

以上をまとめると、イエネコと共通の祖先をもつヤマネコを含め、野生の猫は全く魚を食べないわけではないことがわかります。特に③の研究結果から考えると、猫が生来の魚好きであることは、かなり信憑性が高い説だと考えていいかと思います。

ちょこちょこ食べるのが好きな猫（頻回小食）

猫の食事は1日10回以上

一般的な家庭では、猫（成猫）の食事回数は1日2、3回程度です。キャットフードメーカーの多くも、同様の回数を推奨しています。

しかし、第2章で紹介したように、猫は1日に10回以上食事をするのが正常な動物です。ある研究報告では、いつでも食べられるようにしておくと、1日に13〜16回食べていたそうです。カリカリに換算すると、1回の量は6〜8グラム程度。このように、猫は少量の食事を何回も繰り返す「頻回小食」なのです。つまり、1日2、3回程度の食事は猫にとってかなり少ない食事回数ということになります。

では、なぜこんなにも「ちょこちょこ食い」になったのか。謎を解くカギは、ネズミにありました。猫が1日に必要とするカロリーは、約280キロカロリー（体重4キログラムの未去勢成猫の場合）。実はこの数字、ネズミ10匹から得られるカロリーとほぼ一致します（ネズミ1匹は約30キロカロリー）。つまり、猫の頻回小食は、ネズミを中心とする小動物で食事をまかなうように進化してきた結果だと考えられるのです。

猫は「食いだめ」ができない

こうした「ちょこちょこ食い」の習性から、猫の胃は、他の動物と比べて大きく膨らまず、食べ物をため込むことが苦手です。大型哺乳類を捕食するライオンやオオカミは、体重の4分の1から5分の1の量を「食いだめ」できますが、猫はカリカリを12時間程度しか胃の中にとどめることができません。しかも、短時間に一気食いすると、吐き戻してしまいます。

つまり、「1日に2〜3回」という猫の食事回数は、人間が1日10回も食事を用意するのが難しいため、現実的な妥協点として設定されているのです。なので、猫がカリカリを少しかじってどこか行ってしまうようなことがあっても、「おいしくなかったのかな？」と慌てないでくださいね。これが猫本来の快適な食事スタイルなのです。

最近では一袋3〜5グラム入りの小分けのおやつも販売されているため、うまく使えば1日の食事を猫本来の食事回数に近づけることができるかもしれません。

捕りたてほやほやが好きな猫（新鮮肉食動物）

ハントした獲物をすぐ食べる「新鮮肉食動物」

猫には獲物をハントしたら新鮮なうちに食べる「新鮮肉食」という習性があります。オオカミのように、多めに捕らえた獲物を土の中に埋めて貯蔵し、長期間捕食できない場合に掘り出して食べる腐食性の行動とは区別されています。なので、野生下の猫が獲物を保存したり、腐肉を食べることはほとんどありません。

フードの鮮度低下にも敏感

そのため、飼い猫も食事の鮮度低下にはとても敏感です。鮮度低下にともなって、肉には特定のヌクレオチド（ＤＮＡなどを構成する核酸の代謝産物）という成分が蓄積しますが、猫はこれを嫌います。

また、缶詰は開封した瞬間から酸化が始まり、風味も飛び、微生物も繁殖します。微生物は水が10％以上含まれる食べ物でよく繁殖するため、カリカリのような乾燥した食事では菌の繁殖が抑制されます。しかし、缶詰は水分を70～80％も含みます。開封した瞬間に無菌状態ではなくなり、微生物が繁殖し、鮮度を低下させる原因となります。

このような理由から、缶詰は開けたてが一番おいしく食べられるのです。これら猫本来の食事の習性に近づけるべく、ご家庭ではウェットフードの缶やパウチを開封したらなるべく早く提供してあげる、食べ残しはそのまま放置せずに処分する、ドライフードは食べ切りの個包装にするなどの工夫をしてみるのもおすすめです。

多くのキャットフードは厳しい鮮度管理のもとで製造されていますが、長距離・長時間の輸送などでどうしても鮮度が落ちることがあります。そういった点では、国内製造のフードのほうが、より鮮度が高い、つまり猫にとっておいしい状態で提供しやすいといえるでしょう。

3日絶食で脂肪肝!? (絶食に弱い猫)

猫の絶食は脂肪肝の危険あり

猫の主な餌の一つであるげっ歯類は地球上で最も繁栄している哺乳類で、ほぼすべての大陸で生息しています。そのような背景もあり、獲物が豊富だったことから、飢えることが少なかったのでしょう。その結果、猫は絶食にとても弱くなりました。

肉食動物は絶食に強いイメージがあるかもしれませんが、それは大型動物を捕食するライオンなどの場合です。ライオンの食事は1週間に2回程度で、絶食期間があるのが普通ですが、猫は絶食するとたった3日ほどで「脂肪肝」になってしまうのです。

脂肪肝とは、肝臓に脂肪がたまってしまうこと。この病気は軽度なら目立った症状がないので気づかないことが多いのですが、状態が悪化して肝臓での脂肪燃焼が過剰になると、肝機能の低下により脱水症状や黄疸(おうだん)、意識障害などを引き起こす「肝リピドーシス」を発症してしまいます。

肥満の猫は特に絶食に注意！

特に絶食を避けるべきなのが、肥満の猫です。

猫は絶食でエネルギーが不足すると、体に蓄積された脂肪を大量に肝臓へと送り、活動エネルギーとして利用しようとします。ところが、肥満の猫の肝臓にはすでに脂肪がたっぷり蓄積しており、肝臓の脂肪燃焼能力も落ちています。そのため、さらに大量の脂肪が肝臓にたまってしまい、急激な脂肪燃焼とそれによる酸化ストレスが生じて、肝リピドーシスを発症しやすくなってしまうのです。

ですから、猫が肥満気味だからといって人間と同じ感覚で「プチ断食ダイエット」などしてしまうと、命にかかわります。猫のダイエットは、必ず獣医師の診察・指導のもとで行うようにしましょう。

幼少期の経験が嗜好につながる（学習・経験・生活環境）

幼少期に母から教えてもらったおいしさは、本能的なおいしさを凌駕し、生涯にわたって好まれます。哺乳類には「初頭効果」（primacy effect）といって、幼少期に覚えた情報ほど記憶に残りやすいという性質があります。特に離乳期の食事経験は、その猫の生涯にわたる食の好みに大きな影響を与えることがわかっています。

母から子へのおいしさ教育は妊娠期からすでに始まっているようです。胎児は羊水を介して母猫が食べた物を経験し、出生後に同じものを好んで食べるようになるようです。離乳期を迎える頃には母猫が用意する食事を通じて、おいしさを学んでいきます。

バナナを食べる子猫!?

この例として一つ、初頭効果を証明した驚きの研究があります。なんと、バナナを食べるようトレーニングをされた母猫から生まれた子猫は、母猫のまねをしてバナナを食べるようになったというのです。このように、嗜好性は食性や五感といった先天的な本能より

も、後天的な経験が優先されるのです。

食の経験が乏しいと「ネオフォビア」になることも

猫本来の性質として、先に「ネオフィリア（新しいもの好き）」を紹介しました。しかし、幼少期の食事経験によっては、真逆の性質「ネオフォビア（新しいもの嫌い）」になることもあります。

離乳期、特に6週齢までに、ある特定の食事しか与えられないと、それ以外のものを食べ物として認識しなくなってしまうのです。例えば、離乳期にカリカリしか与えられなかった子猫は、成長してからウェットフードを与えられても、食べ物と認識せず食べようとしないことがあります。限られた食事しか食べられない猫になってしまうと、いざ療法食を使わなければならなくなった場合、治療に支障が出てしまうこともあります。猫も人間同様、さまざまなものを食べられるように食育が必要なのです。

野生下の猫はさまざまな獲物に遭遇するので自然とネオフィリアになりますが、飼い猫の場合は、飼い主のサポートが必要です。母猫の愛に倣（なら）い、離乳期〜子猫の時に色々な種類のフードを与えて食経験が豊かになれば、将来、食事の選択に困らずに済むでしょう。

ハイ 盛り少なめ カリカリ感ましまし とれたてホヤホヤの 目新しいヤツ一丁！
ハイ 盛り少なめ カリカリ感ましまし とれたてホヤホヤの 目新しいヤツ一丁!!
ホタテ

第4章

猫ごはん おいしさの秘密

猫はどんなごはんを「おいしい」と感じるのか。
この章では、猫の感じるおいしさのはかり方から、
猫に必要な栄養素、キャットフードのおいしさの
秘密まで紹介していきます。

猫の感じるおいしさのはかり方①
摂食試験・非摂食試験

猫の感じる「おいしさ」をはかってみよう！

猫の生態や味覚について解説してきましたが、猫がどんな食事をおいしく感じるのか、人間の感覚で理解するのには限界があります。そこで、実際に猫にフードを与えてみて、その反応や食べ方から「おいしさ」をはかる方法を紹介します。

二点比較法（摂食試験）

2種類のフードを与えて、どちらをよく食べるか計測する方法です。現在、多くのキャットフードメーカーがこの方法を採用しています（ペット栄養管理士講習会テキストより）。実際の研究レベルの試験では、幼少期からさまざまな食経験を積み、極端な好き嫌いのない成猫4〜12頭のデータで統計解析まで行いますが、ここでは皆さんの愛猫の感じる「おいしさ」を知るための応用版を紹介します。研究レベルの試験方法が知りたい方は、ぜひペット栄養管理士講習会テキストを参照してください。

【準備するもの】
・2種類のフード（※年齢や体調に適したフードを選ぶこと）
・同じ形状で、色違いの2種類の食器（※人間がフードの違いを識別するために、色で区別する）

【試験の方法】（1日2食の場合）
・1回の食事あたり、2種類のフードをそれぞれ1食分（25～30グラム）ずつ2つの食器（色違い）に入れ、並べて置く。
・決まった時間に、その2種類のフードを同時に提供する。目視で2種類のフードの摂食量の合計がおよそ1食分（合計25～30グラム）になったら、直ちに食器を取り下げる。
・それぞれのフードで「提供した量－残った量＝摂食量」を毎食計測する。
・これを最低でも4食分行い、それぞれのフードで摂食量の平均値を算出する。

2つの食器にそれぞれ異なる食事が用意されていることに気づいてもらえるよう、初めのうちは2~3週間継続するのが望ましい。
・たくさん食べたほうを「おいしい」と判断する。

【注意点】
・猫が太らないよう、1日に与えるごはんの量は守る。
・頻回小食タイプの猫は、量を各100グラム程度にし、半日または終日出しておく。その場合は、毎日決まった時刻に摂食量の計測をする。片方のフードだけ空になることのないように注意する。フードをつぎ足す場合は鮮度がおいしさに影響しないよう、古いフードは必ず取り除く。
・それぞれのフードを入れる食器の位置は毎食ランダムに入れ替える（右側の食器からしか食べないなど、特定の食器位置を好む猫もいるため）。

●カフェテリア法、非摂食試験

このほかにも、3種類以上のフードを比較する「カフェテリア法」という試験方法もあります。これは、1つのプレートに3つ以上のフードを用意して同時に与え、それぞれの摂食量から嗜好性を評価する方法で、大きくは二点比較法と変わりません。同時に複数のフードを比較・評価できるので効率がいいのですが、二点比較法よりも試験の精度は低くなります。

また、猫以外の動物を対象にした試験では、摂食量で評価しない「非摂食試験法」も研究されてきました。例えば、2つレバーのある給餌器（きゅうじき）を用意し、試験対象の動物が前足などでレバーを押すと、それぞれ別のフードが少量出るようにします。動物がこの仕組みを学習すると、自分が食べたい（＝おいしい）フードのほうを積極的に押すようになるため、少量のフードで比較試験ができる、といった方法です。

いずれ、こうした試験の猫バージョンの記録が蓄積されていけば、猫たちの負担がより少ないかたちで、おいしいフードを開発できるようになるかもしれませんね。

猫の感じるおいしさのはかり方②表情から読み取る（食事前・食事中・食事後）

●猫のおいしさの指標は「食べた量」以外にもある？

前項の実験からわかるように、現在のペットフードのおいしさ評価は「猫が食べた量」が基本となっています。しかし、私たち人間がサシのたっぷり入った超コッテリ味のステーキを「おいしいけれど、たくさんは食べられない」というのと同じように、猫にとっても、食べる「量」だけがおいしさの指標になるとは限りません。

ここでは、猫の表情や仕草から、おいしさを読み取る方法をいくつかご紹介します。

●食事前

猫は、好きな香りの食べ物やおいしい食べ物ほど、ニオイをかぐ時間が短くなり、ためらわずに食いつくことがわかっています。また、食べ物に前足の肉球でタッチしたり、咬みつこうとしたりするのは、猫がその食べ物に強い興味をもっている証拠です。

食事中

おいしい食事ほど、猫はうっとりと半目で味わう時間が長くなることがわかっています。中には、完全に目を閉じて味わう猫もいるようです。また、カリカリでじゃれて遊びはじめたら、それは満腹になった証拠です。

食事後

おいしかった時は鼻をなめる、舌を突き出す、唇を鳴らすなどの行動が見られます。特に、唇のまわりをなめる回数と時間が増えることがわかっています。

おいしくなかった時は尻尾を左右に動かし、グルーミングの回数が増えるようです。ただし、鼻をなめる頻度も高くなるようで、これはおいしかった時と区別しにくいので要注意。そのほかの表情や行動とあわせて総合的に考えると良いでしょう。

猫に必要な栄養素①タンパク質・アミノ酸

猫の消化率は9割以上!?

肉食動物である猫は消化のしにくい植物性食物を食べません。そのため、時間をかけてごはんを消化する必要がないので腸を短くして消化の効率化を図ることができました。こういった事情から、猫の腸はほかの動物と比べて短いにもかかわらず（猫の腸の長さは体長の4倍、豚は14倍、ウサギは15倍）、健康な猫のごはん消化率は9割以上という高さを誇ります。

そして、食事中のタンパク質やアミノ酸は肉食動物にとって重要なエネルギー源です。特に猫は肉から効率的に栄養補給するため、タンパク質を分解する代謝が常に活性化されています。

一方で、このタンパク質を分解する代謝は、摂取した量にかかわらず、高い水準で活性化されるため、食事でとるタンパク質の量が少ない時は、自分の体内の筋肉まで分解してしまうというリスクもあります。

猫はこれを防ぐため、食事量を調整し、自分の体に必要な量のタンパク質が摂取できるよう体の構造を進化させてきたのです。

本能的にタンパク質の摂食量を望ましい量に調節できる

猫のごはんの摂食量は食事中に含まれるタンパク質量によって決まるといっても過言ではありません。食事調節能力が正常な猫の場合、先に述べた調整能力によって、タンパク質の割合が高い食事は少量で済ませる一方で、タンパク質の割合が低い食事はたくさんの量を食べて余計な栄養まで過食してしまいがちです。安いカリカリは含まれるタンパク質量が比較的少ないですから、そればかり食べ続けると過食する原因になる可能性があります。

つまり、たくさんの量を食べるからといって、猫がおいしく食べているかどうかは別問題なのです。猫ごはんのおいしさには、ごはんの中に含まれるタンパク質の割合、質、種類、そのどれもが重要な要素です。この各要素について、それぞれ詳しく解説していきます。

タンパク質の割合が高いほど、食感がよくておいしい

タンパク質の割合の高いごはんと低いごはんのどちらをおいしく感じるかを比較する嗜好試験を行うと、圧倒的にタンパク質の割合の高いごはんに軍配が上がります。つまり、猫はタンパク質の割合が高い食事ほど好んで食べるということです。人間に喩えると、パン粉のようなつなぎの多いハンバーグよりも、肉汁溢れる100%ビーフのハンバーグのほうがおいしいと感じるのと同じ感覚です。

また、このようなタンパク質の割合の高いカリカリは、猫は噛むことも忘れて夢中で食べるようです。猫がカリカリを食べる時の摂食時間と噛み砕く回数を調査した結果、カリカリに含まれるタンパク質の割合が高いほど、摂食時間が長く、噛み砕く回数は減ることがわかりました。

この時、猫は夢中になって気づいていないかもしれませんが、カリカリ中のタンパク質が多いほどカリカリ粒が硬く、カリッとクリスピーな食感が強くなり、触覚の面でもおいしさを引き立てているのです。

適切な加工とアミノ酸バランスで質を高めたタンパク質はおいしい

カリカリの原料であるタンパク質は、量だけでなく加工やアミノ酸バランスにこだわってこそ、本当のおいしさを発揮します。

鮮度を保った食肉処理など、適切な加工処理が動物性タンパク質のおいしさをより高めます。原料の鮮度の重要性は第3章の「捕りたてほやほやが好きな猫」（72ページ）の項で説明した通りです。

そしてさらに重要なポイントが、アミノ酸バランスに優れた「動物性タンパク質」です。

猫は大豆などの植物性タンパク質よりも、動物由来のタンパク質を好みます。これは、動物由来のタンパク質に含まれるアミノ酸が猫の体を構成する20種類のアミノ酸組成に近いためです。そのうち、ペットフードの栄養基準を定めているＡＡＦＣＯという団体により必須アミノ酸に指定されているのは12種類。先ほど、「本能的にタンパク質の摂取量を望ましい量に調節できる」と説明しましたが、正確には、「猫は本能的に20種類のアミノ酸を望ましいバランスに調節できる」ということです。つまり、猫にとって優先されるべきは、食事中のタンパク質の量よりも、適切なアミノ酸バランスということです。

タンパク質はさまざまなアミノ酸が連なって構成されています。動物性タンパク質は、この連なっているそれぞれのアミノ酸の比率が猫の体を構成するアミノ酸の比率に近いため、効率よく必要な栄養を摂取することができます。

逆に、植物性タンパク質に含まれるアミノ酸は特定の種類に偏りがちで、猫に必要な栄養を一度に補うことができません。そのため、たくさんの種類を食べないとそれぞれのアミノ酸の必要量を満たすことができません。こうして余計に食べ過ぎたアミノ酸は、猫の体をつくることなくエネルギーとして利用・排出されてしまい、非常に効率が悪いのです。

このような理由から、猫は植物性タンパク質よりも動物性を好むというわけです。

猫のアミノ酸の好みは人間と似ている？

ここからはさらに細かく猫が好むアミノ酸に焦点を当ててみます。

単体のアミノ酸では、猫は人間が「甘い」と感じるアミノ酸を好む傾向があるようです。具体的にはグリシンなどがこれに該当します。

また、人間が「苦い」と感じるアミノ酸は猫も苦手なようで、L-トリプトファン、L-イソロイシン、L-アルギニン、L-フェニルアラニンなどは嫌う傾向があるようです。

このように猫のアミノ酸の好みは人間と似ているように思えますが、例外もあります。

例えば、タウリンと呼ばれる成分は甘くはありませんが、猫の必須栄養素であり、好んで摂食します。

また、苦いアミノ酸であるロイシンも、別の報告では猫にとって好ましいフレーバーと言われることもあり、意見が分かれるようです。

猫に必要な栄養素②油脂（脂の量・質・種類）

油脂は猫の必須栄養素

油脂のエネルギー含有量はタンパク質の2倍以上あり、肉食動物の主要なエネルギー源です。脂の存在を感知する味覚が存在することからもわかるように、ごはんに含まれる脂肪の量や質、種類もおいしさに大きな影響を与えています。

では、猫がどんな油脂を好むのか、栄養と嗜好の観点から見ていきましょう。

猫が好む脂質量は約22%

基本的に、猫は脂肪分の多いごはんをおいしく感じるようです。最も好む油脂量は約22%といわれています。これは一般的な陸生の哺乳類の体脂肪率に近い値です。

ただし、カリカリの表面に油脂がギトギト浮くほどコーティングされているような状態は口当たりが悪く、おいしさが損なわれます。カリカリは、表面が油脂で薄くコーティングされ、内部に脂がしっかり凝縮された状態が好まれるのです。

このように、油脂が好きといっても限度があり、50%以上の油脂が含まれたごはんはあまり好まれません。

酸化した油脂はNG

脂肪酸は炭素と水素でできており、炭素が鎖状に連なった形をしています。この炭素が、1〜6個つながった脂肪酸を短鎖脂肪酸、7〜12個つながった脂肪酸を中鎖脂肪酸といいます。

通常はそれぞれ炭素にある4つの腕の1本でつながっていますが、不飽和脂肪酸はその倍の2本つながる箇所があります。すると分子が動きやすくなるため融点が下がり、溶けやすくなるのです。

キャットフードの油脂には、この不飽和脂肪酸の一種である「オレイン酸」が多く含まれています。高級な牛肉と同様に油脂の口どけがよく体に良い反面、酸化されやすい特徴があります。魚に多く含まれるDHAやEPAといったオメガ3脂肪酸も酸化されやすい不飽和脂肪酸の一つ。酸化して鮮度を失った不飽和脂肪酸は酸化臭もひどく、キャットフードのおいしさを大きく低下させてしまいます。

このような背景から、賞味期限が1年から2年と長いカリカリには酸化防止剤を添加する必要があります。むしろ、酸化防止剤のないカリカリは、酸化した油脂を口にすることになるためおすすめできません。このような理由から、カリカリを酸化防止剤なし、つまり無添加で作ることは非常に難しいのです。

牛脂、ラード、魚の油脂が好き

肉食の猫は、動物性の油脂を好みます。油脂の中では、チキンオイルやバターよりも牛脂やラードを好み、最も好まれるのは魚の油脂だといわれています。

植物性油脂が好まれないのは、猫が苦手とする短〜中鎖脂肪酸の割合が高いことと、油脂の中に猫が好まない植物性アロマや風味が溶け込んでいることが影響しているようです。

カリカリの場合は、先に触れたように油脂を粒の表面に薄くコーティングすることで、クリスピーな食感と油脂のおいしさ、そして高い栄養価を両立させています。

COLUMN 5

猫が生来の魚好きなワケ

猫が魚好きであるのは第3章で説明した通りです。では、なぜ魚好きになったのでしょうか？　生来の魚好きだったとしても、自ら魚を求めて川に入る野良猫はほとんどいないという矛盾も生じます。

これは私の仮説ですが、猫の進化の過程で、魚を主要なタンパク源としていたご先祖様がいたのではないかと考えています。特に熱帯や寒冷地など、ネズミやウサギなどの小型哺乳類を安定的に捕食できない地では、タンパク源を魚に頼った可能性があるのです。

最近、長野県松本市の上高地に棲むニホンザルが魚を捕食することで越冬を可能にしているという報告があがりました。上高地はニホンザルにとって厳しい環境であり、餌として利用できるものを利用しようとした結果、魚食につながったのではないかといわれています。

ネコ科動物の祖先はイエネコになるまで、シベリアとアラスカをつなぐベーリング海峡を少なくとも2度は渡っています。極寒の地で繁殖する時に、ニホンザルと同じことが猫の進化史の中で起こっていたのかもしれません。

あるいは、小型哺乳類を餌として捕食しにくい低緯度の熱帯地域を通過した時に魚に頼っていた可能性も考えられます。この地域では小型哺乳類が少ないためか、爬虫類を食事の中心としているようなのです。何らかの原因で爬虫類を捕食できなかったとしたら、魚を捕食するようになっていたかもしれません。

このような進化の名残が、砂漠に適応したイエネコに受け継がれた結果、乾燥地域に適した毛並みにより水を避ける性質を持ちながらも、魚が大好きな猫が誕生した。そのように考えれば、矛盾がないように感じます。いつかじっくり研究してみたいものです。

人気キャットフードの秘密①調味料（肉・魚エキス、嗜好剤、酵母、内臓、リン酸）

猫にも調味料が必要？

キャットフードには素材の味だけでなく、猫用の調味料による味付けもなされています。猫ならではの代表的な調味料について見ていきましょう。

肉・魚エキス

多くのフードに使われている原料で、肉や魚のタンパク質を分解し、アミノ酸を豊富に含んだエキスのこと。そのままでもおいしいのですが、このエキスと糖の一種を一緒に加熱すると、メイラード反応という化学反応が起こり、茶褐色の「おいしさ物質」メラノイジンが作られます。醤油とみりんで肉を焼く照り焼きの香ばしさも、カレーをおいしくする「あめ色玉ねぎ」の色と風味も、このメイラード反応によるものです。

着色料に頼っていない茶色いカリカリは、このメイラード反応がよく進んでいる証拠です。カリカリの「茶色」は、おいしさの判断基準の一つになるでしょう。

嗜好剤

猫用に調整された特別な調味料で、キャットフードのおいしさを左右する最大の秘密ともいえます。使う目的は、大きく分けて2つあります。

①香りで猫を惹きつけるため

猫の嗅覚を刺激して、「おいしそうだな」と食べてもらうためのフレーバーです。香り付けのための天然フレーバーや、栄養補助にもなる合成フレーバーなどがあります。

②継続して食べてもらうため

猫が長期的にフードをおいしく食べられるようにするための嗜好剤で、香りだけでなく、味や食感にもかかわります。代表格は「ダイジェスト」という、タンパク質を分解して作られる嗜好剤で、カリカリに1〜3％ほど添加して、表面をコーティングする原料としてよく使われています。

酵母

意外にも、ビールやパン作りに使う酵母も猫が好む原料の一つです。1%程度の適量を添加すると、猫がおいしく感じるとされています。酵母は食物繊維に分類されるので、肉食の猫には嫌われそうに思えますが、酵母はグルタミン酸の濃度が高く、キャットフードに旨味や肉のような香りを与えてくれるため、好まれるようです。

魚や動物の内臓

野生下では獲物の全身を食べている猫にとって、獲物の内臓は大事な栄養源です。そのため、猫ごはんには猫好みの味わいを作り出すために魚や畜産物の内臓を用いることがあります。特によく使われるのが肝臓（レバー）です。ただし、肝臓には脂溶性ビタミンが多く含まれます。脂溶性ビタミンにはビタミンA、D、E、Kがあり、体内の体脂肪や肝臓に溶け込んで備蓄されます。脂溶性ビタミンは過剰に摂取すると猫にとって有害なので注意が必要です。市販のキャットフードなら基本的に心配ありませんが、自宅でごはんを作る場合には、猫が喜ぶからといってレバー類を与えすぎないよう気をつけましょう。

リン酸

猫が酸味を好むことから、酸味を加えるために添加される嗜好剤です。単体のリン酸水素ナトリウム、リン酸が二つくっついたピロリン酸、複数くっついたポリリン酸などが、カリカリの味付けとしてよく使われます。リン酸水素ナトリウムは0・3%、ピロリン酸ナトリウムは0・5%の添加で猫の感じるおいしさがアップするそうです。

ただし、過剰なリンの摂取は慢性腎不全を悪化させる可能性もあるため、高齢の猫や腎臓に疾患のある猫に与える場合には注意が必要です。

人気キャットフードの秘密②カリカリ感

おいしさの秘訣はカリカリ触感！

家庭でもポピュラーな猫のカリカリは、食感が命。猫はどんなカリカリをおいしく感じるのか、製造の秘密からおいしさの決め手まで、詳しく見ていきましょう。

猫が好むカリカリ食感の作り方

ドライフードのカリカリ食感は「発泡」することで生まれます。原材料を高圧高温の機械で練り、急激に常圧に戻すことで、含まれる水分が膨張して発泡粒になります。これを乾燥させると内部に小さな空洞がたくさん残り、クリスピーな食感になるのです。

この時、発泡した泡が消えずに残るのは炭水化物のおかげなのです。炭水化物を多く含むほど、きめ細かく発泡し、粒の構造を維持するのに役立ちます。本来猫に炭水化物は必要ないのでは？ と疑問に思われるかもしれませんが、それは全くの誤解。実は猫にも炭水化物の消化酵素があり、少量の炭水化物なら栄養として利用できるのです。というのも、ネズミなど動物の体には血糖やグリコーゲンなどの炭水化物がある程度含まれており、冬場や寒冷地に生息する栄養をため込んだ小動物なら、その量はもっと増えるでしょう。このように、猫は小動物が体内にため込んだ炭水化物も無駄なくエネルギー源として利用しているのです。

カリカリは主にタンパク質・脂質・炭水化物でできていますが、コラム③に書いたように、おいしい食感を維持するための炭水化物の配合は40％程度です。1日あたり18～30グラム程度食べていることになります。この程度の量の炭水化物は、獲物を多めに捕食した時など、野生下でも十分摂取しうる範囲だといえるでしょう。イエネコは、1万年近くにわたる人との生活で炭水化物食に対する耐性ができ、野生で暮らすヤマネコなどに比べて炭水化物の利用能力も高まっているかもしれません。

ちなみに、カリカリの発泡に必要な炭水化物量と猫が利用できる炭水化物量はどちらも40％程度。この奇跡的な一致により、おいしくて猫の健康も維持できるカリカリが誕生したというわけです。

●水分量は5〜6%がベスト！

猫はカリカリの水分含有量にとても敏感で、0・75%の差ですら感知するといわれています。カリカリの粒は乾燥するほど食感がよくなり、猫は特に5〜6%の水分量の食感を最も好むことがわかっています。せっかく最高の食感で作られたドライフードも、開封して時間が経ってしまったり、密閉が甘かったりすれば湿気(しけ)てしまいます。多湿の日本では特に注意したいところです。

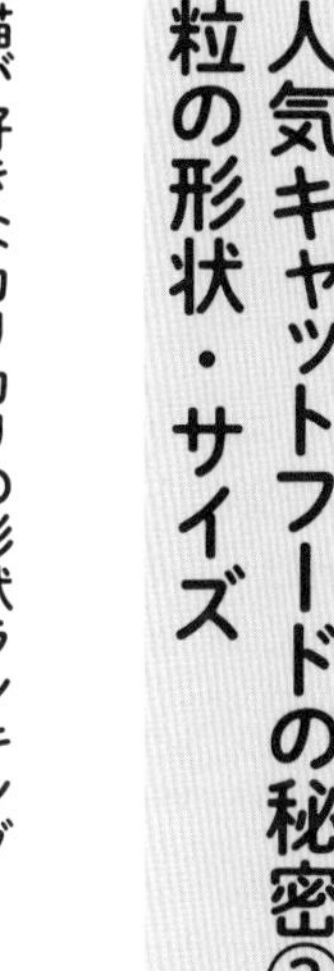

人気キャットフードの秘密③ 粒の形状・サイズ

猫が好きなカリカリの形状ランキング

カリカリの粒の形状やサイズも、フードのおいしさを大きく左右します。一般的には、小さく、表面の滑らかな粒が好まれます。ある実験によると、猫が好んでたくさん食べた粒の形状は次の通りでした。

1位 円盤状(中くらいの硬さ)

2位 十字型(2番目に硬い)

3位 三角形(最も硬い)

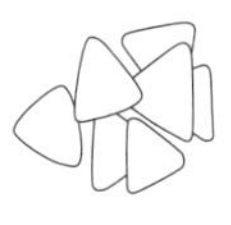

4位 穴あき三角形(最もやわらかい)

5位 円柱型(2番目にやわらかい)

※米国での実験データなので、日本で一般的な「魚型」などの形状は調べられていません。それらを含めて比較した場合、違う結果が出るかもしれません。

Figge, K. (2011) "Kibble Shape and its Effect on Feline Palatability" Petfood Forumより

粒の形状によって、なぜこのような違いが出てくるのでしょうか?

理由①粒のつまみやすさ

カリカリの形状やサイズは唇でのつまみやすさに大きく影響します。例えば、ヒマラヤンやペルシャなどの短頭種は、頭部と顎(あご)の構造上、唇や歯を使ってカリカリ粒をつまみ上げることが難しく、ほとんどの場合、舌を使って粒を拾い上げます(38ページ参照)。彼らが舌の裏側を使って口に運びやすいように、形状をアーモンドの形にしたペルシャ専用カリカリを製造しているメーカーもあるようです。

理由②粒のサイズと表面積

粒の形状によってカリカリの表面積に差があり、これがおいしさと深く関係があるようです。そこには、カリカリ表面にまぶされる油脂と嗜好剤が関係しているようです。

カリカリの粒の表面は油脂と猫用調味料などの嗜好剤でコーティングされていますが、粒を薄く改良したりすると、これらが薄く引き伸ばされ、味が薄まってしまうことがあります。

例えば、同じ直径の円で、うすい円盤型と高さのある円柱型の2種類のフードがあるとします。円柱型の高さを半分にして薄い円盤型を2個作ると、1個の円柱型と2個の円盤型の重さは同じでも、2個の円盤型の表面積の合計は断面積分広くなりますよね。この理論と同じように、同じ容量の商品でも、粒を薄く小さく改良するほど袋内の粒数が増え、粒全体の総表面積が増えることになります。しかし、そのぶん嗜好剤や油脂量を増やさないと、1粒あたりの味は薄まってしまうのです。猫は一粒ずつ拾い上げて食べるのが基本ですので、味の薄まった粒は嗜好性が低下してしまいます。

実は最近、各フードメーカーは、猫の好みに合わせてカリカリの粒の形を全体に薄くしていく傾向にあります。とはいえ、一粒あたりのおいしさを保つには油脂や嗜好剤の量も増やす必要があるわけですが、もしそれらの量があまり増やされていないと、味が薄くなり、猫がおいしく感じなくなる可能性があります。カリカリの粒の形状が変わって猫の食いつきが悪くなった時は、こうした原因も考えられるかもしれません。

人気キャットフードの秘密④
噛み心地（ドライフード）

猫はどんなカリカリが好き？

食べるという行為の中で「噛む」ことは大きな割合を占めており、食事のおいしさにも影響を与えています。猫のドライフードにおける、形状・噛み心地とおいしさの関係性を見ていきましょう。

猫が好んでかじるカリカリの形状は？

形状が異なる市販のカリカリ3種類について、猫がどのくらい「よく噛み砕くのか」を比較した実験があります。その結果、①タービン（Y字）型、②円盤型、③三角形の順に、よく噛み砕いていることがわかりました。先にご紹介した「猫が好んでたくさん食べるカリカリの形状」についての実験では円盤型が1位でしたが、円盤型は、比較的少ない咀嚼数で食べているようです。

よく噛むことのメリット

「よく噛む＝おいしい」とはいい切れませんが、いくつかの研究から総合して考えると、猫は、硬いカリカリほど好んでよく噛み、量も比較的多く食べるようです。ただ、前述の通り、タンパク質が多いなどの猫にとっておいしいカリカリについては、噛むことを忘れるほど夢中で丸呑みしてしまう猫もいるようです。

よく噛むことは、猫の健康にも良い効果があります。カリカリの粒が硬いほうが歯垢（しこう）をよく落とすため、歯石ができにくく、猫の口腔内の健康維持に役立つのです。また、人間の場合、よく噛むことは顎の発達をうながすほか、食べる量が適切に抑制され、体重のコントロールにも役立っています。猫にも、こうした効果が期待できるかもしれませんね。

人気キャットフードの秘密⑤
素材感（ウェットフード）

猫はカリカリよりウェットフードが好き？

ここまではカリカリのおいしさについて解説してきましたが、缶詰やパウチなどに入ったウェットフードの場合はどうなのでしょうか。

まず、ネオフォビアでない限り、猫はドライフードよりもウェットフードを好むことが研究で明らかになっています。ウェットフードはカリカリよりもタンパク質と脂質の割合が多く、猫がおいしいと感じやすいようです。また、猫が野生下で食べる獲物に近い70〜85％という高い水分量になっているため、より猫に好まれているのでしょう。

肉や魚の素材感

ウェットフードならではのおいしさといえば、ジューシーな肉汁と肉や魚などの素材感。

ウェットフードが長期保管できるのは、加熱処理を行うことで食品に発生しうる微生物を死滅させ、必要な期間中は腐敗変色を防止するためです。この時、缶やパウチの中では中身がよりおいしくなるような化学反応が進んでいます。具体的には肉や魚の旨味が身から溶け出し、おいしいエキスとなるのです。

このエキスは、スープ状の完全液体タイプ、あんかけのようなとろみタイプ、そして固形のゼリーの3つに分けられ、それぞれ次のようなメリットがあります。

完全液体タイプはさらっと汁を飲み干すことができます。とろみタイプは粘り気が強く、猫の舌に含まれる一口分の量が多くなり、細かなフレークと一緒に口に含むことができます。ゼリータイプは、固形になったエキスを噛みちぎって食べることができるようになり、口元が汚れにくくなります。また、液体やとろみタイプのウェットの場合も、これらのエキスで口元がべとべとになることを避けるため、食べる時には真っ先にスープを飲み干します。そのためあまり水を飲んでくれない時の水分補給にも最適です。

また、ウェットフードに含まれる肉や魚の肉身素材はフレークと呼ばれ、そのサイズが猫ごはんの食感に影響します。フレークサイズが大きいほど肉や魚の素材感が残るので、噛みちぎる食感を楽しむことができるでしょう。

こういった様々な要素が合わさり、猫にとっての「おいしさ」を生み出しているのです。

人気キャットフードの秘密⑥調理法

ウェットフードも調理法が大事

ドライフードの製造法については「人気キャットフードの秘密②」（１００ページ）でご紹介しましたが、ウェットフードも、調理方法によっておいしさが大きく変わってきます。

加熱は「１３０℃で60分」がベスト

ウェットフードをおいしく調理するためには、ある程度の高温と、長時間の加熱が必要です。

ある研究によると、１３０℃で60分間加熱調理した時が最もおいしいという結果が出ています。同じくらい高温でも、調理時間が短いとおいしさは低下してしまうようです。

メイラード反応が進むとおいしい

長時間加熱したほうが猫にとっておいしくなるのは、メイラード反応が進むためだと考えられます。メイラード反応とは、先に解説した（96ページ）茶褐色の香ばしい「おいしさ物質」を生み出す化学反応です。煮込み料理同様、ウェットフードも調理時間が長くなるほど味が染み込み、おいしい化学変化が起きています。こうすることで香り立ちもよくなり、真っ先に口にする猫も多くなります。

ただし前提として、メイラード反応を起こすには、アミノ酸と糖が十分に含有されていなくてはいけません。そのため、原料にアミノ酸が豊富に含まれていることがおいしいウェットフードの条件の一つなのです。

また、長時間の加熱調理をするためには、多くのエネルギーが必要です。いい材料以外にも、おいしさ追求のためにはこのような製造コストがかかってきます。おいしいウェットフードにはやや値が張るものもありますが、こうした背景があるわけですね。

うん！
自然の恵みをいっぱいに受けて育った活きのいい小動物の骨が
口の中でパキパキ砕けていくようなこの食感……！
かえせ

第5章

猫ごはんのお悩み解決！

××××××××××××××××××××××××

1章の「猫ごはんお悩みタイプ診断チャート」で診断されたタイプごとに解決法を紹介していきます。このタイプがいくつか当てはまる場合もあるので、その際は該当するタイプの解決法をいくつか試してみることをおすすめします。

グルメ（食飽き・鮮度重視）タイプ：概要

気まぐれで、同じごはんでも日によって食べなかったりする、猫ごはんのお悩みの多くが当てはまるタイプです。このグルメタイプには「食飽き」と「鮮度重視」の2種類があります。それぞれの、ごはんを食べなくなる原因を見ていきましょう。

原因①食飽き

第2章で解説したように（27ページ）、猫には「新しいもの好き＝ネオフィリア」という性質があるので、同じごはんを連続して出されると、食いつきが極端に悪くなります。この特性を専門用語で「単調効果」といいます。単調効果が原因で引き起こされる食事の敬遠が「食飽き」の正体と考えられています。

しかし、これだけで食飽きグルメタイプの猫になるわけではありません。単調効果に加えて、「飽食な環境」、つまり、不自由なくごはんをもらえる環境で、「出されたごはんを食べないでいると新しいごはんが出てきた」という成功体験が積み重なると、食飽きする猫になってしまうと考えられます。

野生下では同じ獲物しか捕食できない日もあるでしょう。その場合、特に空腹レベルが高いほど、単調効果よりも栄養の確保が優先されます。しかし、家庭で暮らす猫は飽食な環境にいるので、単調効果でごはんに飽きてそっぽを向いても、餓死するような危機には陥りません。少し我慢すれば、困った飼い主がまた違うごはんを用意してくれる……この場合、食事の選択権は猫にあるのです。この成功体験を繰り返すことで、食飽きが強化され、グルメな猫になってしまうのです。

原因②鮮度重視

食べ残しや、時間の経過したごはんを拒否するタイプです。食飽きのようにも見えますが、食事自体に原因があるため、単調効果を原因とする食飽きとは区別しています。第3章で解説したように、野生下の猫は新鮮な肉を好む性質があるので、家庭でも鮮度の落ちたごはんを食べなくなることがあります。鮮度の落ちたごはんには、具体的に次のような変化が起こっています。

・特定のヌクレオチド（ＤＮＡなどを構成する核酸の代謝産物）の蓄積
・菌の増殖・酸化（腐敗）
・低・中級脂肪酸の発生
・風味の減少
・湿っ気による吸湿

これらはいずれも、ごはんの風味を悪くし、おいしさを減退させます。その結果、鮮度に敏感なタイプの猫はそっぽを向いてしまうのです。

グルメ(食飽き・鮮度重視)タイプ:解決法①

前提として、グルメ食飽きタイプの猫の場合は、多少食いつきが悪くなったとしても、慌ててすぐフードを変えるのではなく、まずは様子を見てみましょう。

ある実験では、食いつきの良いごはんと食いつきの良くないごはんを並べて与え続けた場合、食いつきの良いごはんに飽きて食事量が減ったとしても、食いつきの悪いほうのごはんを仕方なく食べるということはありませんでした。つまり、猫はまずいごはんを食べるくらいなら、飽きてもおいしいごはんを食べたほうがましということです。

適度な空腹は最高のスパイスです。「新しいごはんが出てきた成功体験」によって猫のグルメ気質が強化されてしまうことを防ぐためにも、ある程度の様子見は必要なのです。

期間を空けて再び与えてみる(ローテーション)

とはいえ、やはり猫には満足度の高い食事をしてもらいたい……と願うのが「親心」というものでしょう。そこでまず試してほしいのが、数種類のフードをローテーションで与える方法です。

まず、おうちの猫が好みそうな味や香りのフードを数種類用意します。違う味、違うブランド、特に違うメーカーにすると、大きな効果が期待できます。メーカーが同じだと、元となる原料が共通していたりして、大きく味が変わらない可能性があるからです。

そして、できれば毎食、最長でも3日ごとに、ローテーションでフードを与えましょう。これは、猫が新しいごはんの味をおいしく感じる効果が、初日に最も強く、最長3日しか続かないためです。

さらに、大袋ではなく1食分ごとに小袋の分包になっているフードなら、いつでも開けたてのフレッシュさを保てるので、「鮮度重視」タイプの食飽きにも対応できます。ローテーションを考えるのが大変だという方は、フードストッカーに数種類の小袋をごちゃまぜに入れておけば、上から取り出すだけで自然とローテーションが組まれるのでおすすめです。その時、脱酸素剤や乾燥剤を一緒に入れておけば、カリカリの鮮度を保つのにも役立つでしょう。

グルメ（食飽き・鮮度重視）タイプ：解決法②

フードを自分でミックスしてみる

少し手間はかかりますが、グルメ食飽きタイプの猫に一番おすすめの方法です。やり方は次の通りです。

①おうちの猫が好みそうな味や香り（マグロ味、チキン味など）のフードを、数種類、用意する。単一メーカーからではなく、複数のメーカーから選ぶのがおすすめ。

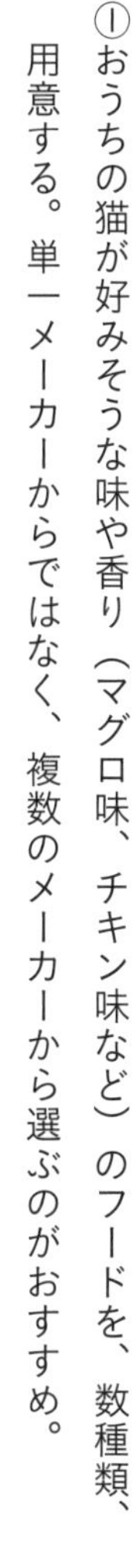

②用意した数種類のフードをミックスし、オリジナルのミックスフードを作って与えてみる。

③できれば毎食、長くても3日ごとに、ミックスの配合比率を変える。

配合比率を変える時は、風味の違うものを30％以上入れ換えましょう。香りの変化を

30％以上与えないと猫は変化を認識できない、ということが、研究で明らかになっているからです。

●市販ミックスより自作ミックスがおすすめな理由

市販のフードにもミックスタイプがありますが、実はこの「ミックス」には2種類あるのです。

A　粒ごとに、肉味、魚味など、味付けがはっきり異なるミックス

B　粒ごとの色は違うが味は均一で、原料に魚や肉など複数のタンパク源がミックスしてあるもの

どちらがいい・悪いということはありませんが、食飽きの解決という観点では、Bのタイプはあまり効果がありません。そして、市販のミックスフードがA、Bどちらのタイプなのか、飼い主が判別することは難しいのが現状です。ですから、確実に味そのものをミックスすることができ、配合比率もその都度変えられる、自作ミックスがおすすめなのです。

グルメ(食飽き・鮮度重視)タイプ:解決法③

カリカリとウェットフードを混ぜて与えてみる

カリカリにウェットフードを混ぜ、カリカリの味を大きく変化させて、食飽きを回避する方法です。人間が、鍋に調味料や薬味を足して「味変」し、飽きずに最後まで食べきれるようにするのと同じ発想ですね。混ぜるウェットフードの種類も、その都度変えるといいでしょう。ただし、カリカリ感は損なわれるため、混ぜるのを嫌う猫もいます。なので、この方法は、子猫の頃からカリカリにウェットを混ぜて与えてきた猫には有効だといえます。

成猫になってからでも試してみたいという方は、ゼリーでしっかり固まったウェットフードを使ってみましょう。どろどろのウェットフードよりもカリカリが水分を吸収しにくいため、カリカリ食感を維持したまま与えることができるかもしれません。混ぜたあとは、カリカリがふやけないうちにすぐに与えてください。

ただ、ウェットフードはカリカリに比べると値段が高い傾向があるため、カリカリだけをミックスするよりもコストは高くなります。

開封したばかりの新鮮なフードを与える

鮮度重視のグルメタイプの猫には、開けたての新鮮なフードを与えることが何よりも効果があります。このタイプに限らず、開けたてのフードを与えるのは基本中の基本です。

カリカリなら、1食ごとの分包タイプがおすすめです。ごはんのたびに、クリスピーなカリカリ食感と、フレッシュな香りを楽しめます。

ウェットフードの場合、開封して時間の経ったものや食べ残しは避けます。缶詰やパウチは、開封したその瞬間から酸化が始まります。すると風味が落ちておいしくなくなるうえに、菌や微生物も繁殖するので、猫の健康にもよくないのです。

最近では、ウェットフードにも超小分けの食べきりタイプがあります。こうしたフードをうまく使って、グルメな猫を満足させてあげてくださいね。

新しいもの嫌いタイプ:概要

食べ慣れたものだけを食べる傾向があり、77ページで説明した「ネオフォビア(新しいもの嫌い)」が強いタイプです。このタイプの猫は「気難しい性格」「頑固」と見られがち。このような性格に育ってしまう原因としては、必要な時期に十分な経験を積むことができなかったことが考えられます。その「経験」は、大きく分けて2つあります。

原因①社会経験の不足、ストレスフルな環境

猫の社会性は、生後2~7週齢頃までに培(つちか)われるとされています。この頃までに人と良好な関係を築けないと、人に懐きにくくなる可能性が高くなり、人との生活にストレスを強く感じるようになってしまいます。そうなると、警戒心から、保守的になりがちです。慣れ親しんだ食事はよく食べるものの、目新しい食事に挑戦するほどの余裕はなくなります。特に保護猫は、このようなケースが多いかもしれません。

ただし、十分な社会性を身につけた猫でも、動物病院などストレスフルな環境では、やはり警戒心から、ごはんを食べなくなることがあります。

また、生まれながらに神経質な性格の猫もいますが、猫の神経質な性格は父親の性格を強く受けるという研究報告があります。人慣れしていない野良のオス猫を父親とする子猫は、特に社会性が培われる時期に人との良好な関係を築けるよう配慮する必要があります。

●原因②食経験の不足

第3章で解説したように、猫は母猫の胎内や幼少期の食経験によって、食の好みが左右されます。特に生後2～3か月頃までの離乳期に経験した食べ物の種類や数が、猫の生涯の食の好みに大きな影響を与えます。この時期に経験していないものは食べ物として認識されにくいのです。たとえ多くの猫が好むウェットフードであっても、この時期に食べた経験がない猫はそれを食べ物と認識していないため、そっぽを向いてしまうのです。

また、肉食動物は共通して「新しいもの好き（ネオフィリア）」という特性を持ちますが、これは遺伝的に受け継がれる生来の特性というよりも、豊富な食経験によって育まれる特性のようです。そのため、野生の猫は新しいもの好きになりますが、特定の食事だけを与えられるような飼育下では新しいもの嫌いになったという研究結果もあります。野生下では、母猫が子猫に食べられるものを教えようと、さまざまな獲物を捕まえてはせっせと子猫のもとへ運ぶのでしょう。飼育下でも、母猫がいる環境では子猫が新しい食事を受け入れやすいことがわかっています。母の愛が子猫の味覚を育てているのかもしれません。

新しいもの嫌いタイプ：解決法①

「新しいもの嫌い」でも、猫が健康なら、慣れないごはんを無理に食べさせる必要はありません。ですが、病気の療養時や災害で食べ慣れたフードが手に入らないなど、いつもと違うごはんを食べてもらわないといけない状況もあるでしょう。そういった場合の対策を紹介します。

猫が慣れるまで優しく声をかけ続ける

猫の「新しいもの嫌い」の原因が、社会性の不足やストレスフルな環境なのか、食経験の不足なのかは、見極めが難しいものです。また、その両方が原因ということも多々あります。

どの原因に対しても共通する解決への第一歩は、「優しく声をかけ続ける」ことです。「新しいもの嫌い」は警戒心によって強まってしまうので、安心できる環境を用意してあげることで緩和される可能性があります。そのためには、飼い主との良好な関係が不可欠です。ただ、まだ飼い主との関係が築けていないような警戒心の強い新参猫には、「何もしない」ことも必要です。まずはかまいすぎずそっとしておき、新しい環境に慣れさせてあげます。猫が慣れてきたら、同じ空間で過ごしてみましょう。猫に近づくことも触ることもせず、こちらの存在に害がないことを教えてあげます。すると、徐々に猫のほうから距離を縮めてくれるようになります。この時、優しく声をかけてあげると、猫との距離を縮める手助けになります。猫に慣れてもらうには年単位の時間がかかることもありますが、きっと良い関係を築けます。

一般に、猫は「家につく」、犬は「人につく」といわれます。しかし私の経験上、飼い主と良好な関係が築けている場合には、猫も「人につく」のです。引っ越しや保護元からの譲渡などで警戒心が強く、新しいものを受け付けなくなっている猫には、まず飼い主が根気強く優しい声をかけ、大きな音をたてないなどの気遣いをし、猫の様子をよく観察しながら接してあげましょう。慣れないごはんを食べてもらう必要がある時も同様です。そうすることで、猫のストレスや警戒心が緩和されれば、いずれは新しいものを受け入れる余裕が生まれるでしょう。また、猫の耳は高音域を聞き取りやすいという特徴があるので、声の低い男性が声をかける時はやや高めの声を出すように意識するといいでしょう。

新しいもの嫌いタイプ：解決法②

環境を整える

猫が安心して暮らせるように、生活環境を整えてあげることも大切です。猫にとってストレスの少ない生活環境には、次のような条件が挙げられます。

・静かな隠れ家（安全地帯）がある
・上下運動ができる
・広口で底の位置が高い食器でごはんが提供される
・いつでも新鮮な水が自由に飲める
・清潔に保たれたトイレがある

新しいもの嫌いタイプの猫にとって、特に重要なのが隠れ家（安全地帯）です。飼い主も含めた人間、他の動物、大きな物音などから逃れられる静かな場所があることは、猫に大きな安心感を与えてくれます。具体的には、猫の体がぴたりとおさまるくらい、狭くて暗い場所がいいようです。大きな音がする掃除機のスイッチを入れると、猫が食器棚の上やソファの下に入って出てこなくなった……といった経験のある方も多いのではないでしょうか。こうした隠れ家に猫が入ったら、自分から出てくるまでは手を出してはいけません。

猫のストレス緩和には、適度な運動も必要になります。猫は平面的な広さよりも、ジャンプで跳び乗ったり、飛び降りたりするのできるスペースが必要な動物です。高いところから下を俯瞰（ふかん）し、安全を確かめることで、安心感を得るのです。ご家庭でできる具体的な工夫の仕方は、第6章で詳しく解説します。

食器を広口・脚付きのお皿にすることで、第2章（42ページ）で紹介した「ひげ疲れ」を防ぎ、食事のストレスを緩和できます。また、新鮮な水や清潔なトイレを整えることは、ストレスの緩和だけでなく、腎臓病や尿路感染症を予防するためにも大切です。

新しいもの嫌いタイプ：解決法③

飼い主との関係は良好で、生活環境も整っている。それでも、いつもと違うごはんはやっぱり食べてくれない……そういう猫には、ごはんのあげ方を工夫してみましょう。

普段のフードに少しずつ新しいフードを混ぜていく

いつものフードに、食べさせたいフードを少しずつ混ぜて与えます。ここでは、グルメタイプ：解決法②（119ページ）で説明した、「香りの変化を30％以上与えないと猫は変化を認識できない」ということを逆手にとります。慣れたフードに、猫が変化を認識しにくい1％、5％、10％という分量で、少しずつ新たな（食べさせたい）フードを混ぜ込んでいくのです。

手順としては、新しいフードがほんの少しの混合比率（例えば5％）のフードを4〜7日続け、問題なく食べるようなら、次の比率（例えば10％）に移行していくといいでしょう。もし、次のステップに移行した際、猫が食べ慣れない味に気づいてしまって食べなかったら、一つ前の混合比率に戻し、また4~7日様子を見てから徐々に次のステップに移行していくようにします。

軽度の「新しいもの嫌い」タイプの猫であれば、25%ずつ混合していき、1週間程度でごはんを完全に切り替えることも可能でしょう。警戒心がかなり強い場合は、1%などごく少量の混合から始めて、時間をかけて新しい味に慣れさせてあげましょう。

また、グルメ食飽きタイプと同様に、空腹感があったほうが、ごはんの食いつきがいい傾向があります。猫に適度な運動をさせたり、フードの移行期間にはやや食事提供の回数を減らしたりといった工夫も効果的です。ただし、無理は禁物です。特に獣医師から療法食を与えることを指示された場合は、療法食を食べるまで絶食させるよりは、慣れた食事で栄養をとらせるようにしましょう。療法食を食べさせることばかりに躍起にならず、猫の様子をよく観察し、獣医師とも相談しながら、栄養不足にならないように注意してあげましょう。

老化・病気タイプ：概要

老化や病気、ケガなどの体調不良により、食欲が低下してごはんを食べなくなるタイプです。これには、大きく分けて3つの原因が考えられます。いずれも「食飽き」と区別がつきにくいことがあるので、よく注意して猫の様子を観察してください。

原因①学習による敬遠

過去にごはんが原因で体調不良を起こした経験から、そのごはんを食べなくなるケースです。その時に経験した「急性症状」がごはんを敬遠させるトリガーになります。

代表例は「食あたり」で、あるごはんを食べてお腹をこわしてしまった経験がある猫は、治ってからも、同じ味や香りのごはんを避けることがあります。

また、ビタミンB1を欠いた食事による体調不良でも、その後同じ食事を与えた際に敬遠が起こることが報告されています。

例えば、「猫が食べると腰を抜かす」といわれる生イカも、ビタミンB１を破壊する酵素を持っているために敬遠されると考えられます。もちろん、猫の体には有害なので与えないようにしてください。

この「学習による敬遠」は40日近くも続くとされます。今までよく食べていたごはんをパタリと食べなくなることから「食飽き」と勘違いされがちですが、この場合はごはん自体に問題があるため、単調効果を原因とする食飽きとは区別しています。

ただし、急性症状のない慢性的な栄養不足による体調不良では、食事と症状が結びつかず、ごはんの敬遠が起こりません。

例えば、猫の必須栄養素であるタウリンを欠いた食事を与え続けると、慢性的なタウリン欠乏により重度の目の障害や心臓の疾患を引き起こしてしまいます。ところが、このような食事を3年間与え続けても拒否することがなかったという報告がなされています。

ですから、手作りのごはんなどを与える際は慢性的に栄養が不足することのないよう、十分注意する必要があります。

●原因②体調不良による一時的な食欲不振

鼻づまりなどによる嗅覚や味覚の鈍化、口内炎や喉の痛みなどは、猫の食欲を低下させます。こうした病気（体調不良）により、一時的にごはんを食べなくなることがあります。この場合は、体調が回復すれば4、5日で食欲が戻るのが特徴です。鼻水や見てわかる口腔内の炎症など、猫に明らかな症状があればすぐに病気だとわかりますが、ちょっと気持ちが悪い、お腹が痛い、などの場合はわかりづらいので要注意です。

●原因③老化・腎臓病（慢性的な食欲不振）

10歳を超えたシニア猫は、老化によって嗅覚や味覚機能が低下するため、食欲が落ち、食べるごはんの量が減りがちです。また、シニア猫は、慢性的な病気による食欲不振も増えてきます。

人間では高齢になると、加齢に伴う食欲不振が筋肉量を減少させ、それが運動不足を引き起こし、さらなる食欲減退につながる悪循環（フレイルサイクル）が起きることが知られています。同じことが猫でも起こっている可能性があります。

シニア猫に多い病気の代表格に、慢性腎臓病があります。腎臓の機能が低下していき、腎臓の半分以上が機能不全になっても目立った症状が現れず、病気に気づきにくいという、がんに次ぐ死因となる病気です。食欲不振は、この慢性腎臓病に特徴的な初期症状の一つでもあります。

老化・病気タイプ：解決法

食欲は元気のバロメーター。猫の元気がない姿を見るのは忍びなく、早くなんとかして元気にしてあげたいと思うのが親心ですよね。ここでは猫の体調不良が原因でごはんを食べない場合の対策を紹介しましょう。

時間が解決するのを待つ

いちど猫からこのごはんはＮＧと認定されてしまうと、それを覆すのは骨が折れます。ですから、なるべく食事と体調不良が結びつかないように気をつけてあげましょう。

学習による食事の敬遠は40日程度でなくなりますので、その間は嫌いになった食事を与えず、忘れさせてあげましょう。無理に食べさせようとすると、それがストレスとなり、余計にその食事を嫌いになってしまいます。決して無理をしないでください。

病気を治療する

一時的な病気によって食欲不振となった場合には、その原因となった病気を取り除いてあげる必要があります。風邪程度の病気であれば自然治癒を待ってもよいですが、中には病院での治療を必要とする病気もあります。明らかな病気の症状が見当たらず、食欲不振が続く場合は、かかりつけの獣医師に相談しましょう。

食べてくれそうなものをさがす

老化や慢性的な病気による食欲不振は自力で回復に持っていくことは難しいでしょう。栄養不足は免疫力も低下させ、病気への抵抗力も弱めてしまいますから、必ず栄養をとらせなければなりません。時には食欲を増進させる薬を処方してもらうのも一つの手です。

ペットショップや動物病院にフードの試供品が用意されていることもありますので、いくつかもらって、どれを食べるか試してみるのもよいでしょう。また、最近では食べきりの小分けパックになっている商品が多いため、猫友どうしで小分けパックを交換し合ってみると選択の幅が広がります。

好き嫌いのない猫に育てるために

猫は本来さまざまな食事を受け入れる「新しいもの好き」の習性を身につけやすい動物です。これを活かし、食飽きしにくい猫に育つと——

・猫自身が食を楽しむことができる
・食事療法が必要になった時、食事を切り替えやすい
・食事の切り替えによる下痢を起こしにくくなる
・栄養バランスを整えやすい
・飼い主がキャットフードで困らずに済む

このように、好き嫌いのない猫に育つと、猫にとっても飼い主にとってもメリットがたくさんあります。ここでは、これから食事習慣ができていく子猫の食育方針を説明したいと思います。猫の食の好みには離乳期までの経験が大きく影響を与えますが、離乳期を過ぎた子猫でも効果がある場合があるので、ぜひ試してみてください。

これまでのおさらいを兼ねて、改めて3つのポイントに整理してみました。

ポイント①食事

・開けたての新鮮なごはんを与える（基本中の基本）
・ごはんの温度は38・5℃（人肌程度でおいしさアップ）
・さまざまな味、香り、食感のフードを与える（カリカリ、ウェットフード、おやつなど）
・手作りミックスフードで食飽きを予防する

ポイント②給仕の工夫

・空腹の時間を作る（飽食の環境に慣れさせない）
・適度な運動で空腹に（理想は1日100回程度遊んであげる）
・おねだり／食飽きによる「新しいごはん獲得の成功体験」を与えない

生活環境を整える

・飼い主との良好な関係を築く
・ストレス、恐怖心、警戒心を緩和してあげる
・安心で快適な生活環境を整える

ここに挙げたすべてのポイントを、毎食完璧にクリアしようとする必要はありません。皆さんの生活リズムに合わせて、できる時に挑戦してみてください。ここまで読んでくださった方は、猫の習性や食性について、もう十分に理解できているはずです。あとはおうちの猫をよく観察して、言葉で伝えることができない猫が発するメッセージを汲みとってあげましょう。そして、飼い主の皆さんが必要だと思う工夫を、できるところから取り入れていってみてください。

COLUMN 6

シニア猫専用カリカリの落とし穴

シニア猫用のカリカリは、成猫用と比べて、多くのキャットフードメーカーで以下のような特徴づけを行っています。
・腎臓ケア：低タンパク質、低リン、ナトリウム調整
・抗炎症：オメガ3脂肪酸
・抗酸化：ビタミンE、ビタミンC、リコピン、β-カロテン、コエンザイムQ10
・カロリー調整：低カロリー、高カロリー
・食べやすさ：超小粒・薄型粒

これだけの工夫を見ると、体の内部から食べやすさにまで配慮しているなんて、なんて親切なんだろう！　そう考える飼い主の方も多いでしょう。

ですが、ここに落とし穴が。実は、歯の弱いシニア猫のために作られたはずのカリカリ粒が成猫用よりも硬い場合があるのです。

シニア猫用カリカリが硬くなってしまう原因には、①小粒・薄粒化、②高カロリー化の2つがあります。一般的に、粒が小さく薄くなるほど発泡率が抑えられ、粒が硬くなります。これによりカリカリ食感が増すため、一般的なキャットフードは粒が薄くされている場合が多いのです。これは、歯の丈夫な成猫には喜ばしい工夫ですが、歯の弱った猫には厳しい仕様ともいえます。

さらに、痩せ始めた猫のため油脂量を増やすことで、さらに発泡が抑えられ粒がより硬くなるのです。ただし、粒表面にかける油脂を増やして調整した場合は粒の硬さにさしたる影響はありません。

良かれと思ってシニア猫用のカリカリに切り替えた結果、歯の弱ったシニア猫に適さなくなってしまう場合があるということは頭の片隅に入れておいてください。もちろん、すべてのシニア猫用カリカリが当てはまるわけではないので、色々と試してみて自分の猫に合ったフードを探してみるのがよいでしょう。

ちなみに11歳頃から明らかな消化率の低下がみられるため、この頃から高消化率・高カロリーのシニア猫用フードに切り替えることをおすすめします。

シェフを
うむ
呼んでくれたまえ

第6章

猫と肥満

××××××××××××××××××××××××

猫ごはんについて考えるうえで無視できないのが
猫の「肥満」について。
猫がなぜ肥満になるのか、その原因について8つ
の観点から解説していきます。
おうちの猫が末永く健康に過ごせるように、ぜひ
参考にしてみてください。

猫の肥満とはどんな状態？

猫の肥満の定義

猫にも色々な体型があり、「ぽっちゃりした猫ってかわいい！」という人もいるでしょう。しかし結論からいうと、人間同様、肥満は猫にとって「百害あって一利なし」なのです。そもそも猫の「肥満」とはどんな状態なのでしょうか？　世界的に統一された基準はないのですが、一般的には次のように定義されることが多いです。

・理想体重よりも10〜20％体重が増えた状態＝過体重
・理想体重よりも20〜30％体重が増えた状態＝肥満

猫の肥満はなぜ危険？

次に、猫の肥満は何が問題なのか見ていきましょう。

肥満する、すなわち体に脂肪が過剰に蓄積することにより、体は「慢性的な炎症状態」になっています。慢性炎症というのは、微弱な炎症が常に生じている状態です。この炎症はすぐさま大きな病気を引き起こしたりはしないものの、内分泌系をはじめとするさまざまな異常を引き起こし、気づかないうちに体を蝕(むしば)んでいくのです。例えば、血糖値を下げるホルモンであるインスリンが効きにくい体になってしまい、そのせいで、本来脂肪蓄積するはずのない筋肉や肝臓に脂肪が蓄積してしまう、というような異常が生じます。

さらに、肥満はさまざまな病気の罹患(りかん)リスクを高めます。猫の場合、肥満によって次のような病気に罹患しやすくなることがわかっています。

・糖尿病
・肝リピドーシス(病的な脂肪肝。75ページ参照)
・皮膚疾患
・尿路疾患
・口腔疾患
・新生物(腫瘍、がん)
・跛行(はこう)(正常な歩行ができなくなること)

糖尿病は正常な体重の猫よりも約2〜4倍、跛行は約5倍も罹患リスクが高くなるようです。

また、脂肪が邪魔をしてグルーミングがしにくくなるため、不衛生になった部分が皮膚炎を起こしたり、それが肛門付近の場合には細菌感染によって尿路関係の疾患が生じたりします。

うちの子は大丈夫？　猫の肥満判定法

このように猫の肥満はなるべく避けたいものですが、2016年に発表された調査によると、日本の猫の、実に56％が肥満または過体重でした。「うちの子は大丈夫？」と思った方のために、ご家庭でできる肥満判定方法を2つ紹介します。

(1) fBMI法

体重と身長の関係から人間の肥満度を算出する体格指数「BMI」を、猫仕様にアレンジしたものです。以下の手順で判定します。

① 猫の体重（kg）を計測する
② 猫の膝からくるぶしまでの長さ（m）を計測する（図1）

③①を②で割り、「ｆＢＭＩ」の値を算出する

式：ｆＢＭＩ＝体重（kg）÷膝からくるぶしまでの長さ（m）

④ｆＢＭＩを左下の対応表と比較する

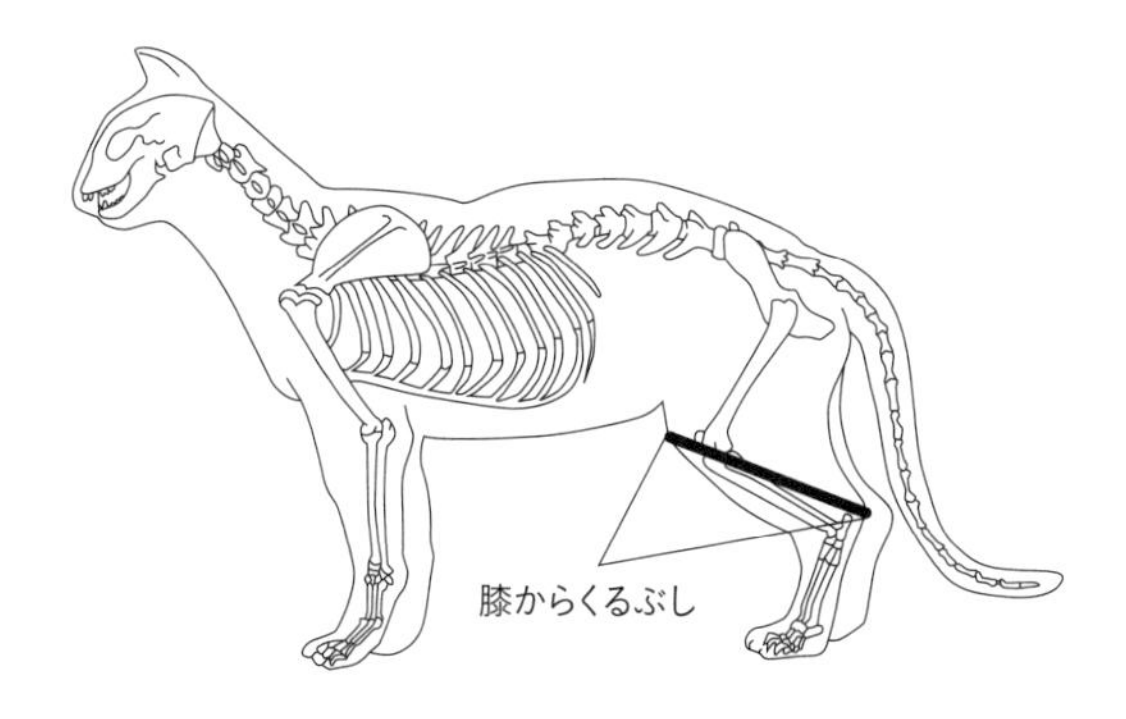

(図1)
横に寝転んだ状態だと計測しやすい。また、膝のお皿の位置によって誤差が生じることを避けるため、計測する時は猫の膝を90度ほど曲げた状態が望ましい。

岩﨑永治、『肥満猫における診断マーカーの変動とその臨床応用』DISS 日本獣医生命科学大学、2016。

fBMI対応表

	fBMI (kg/m)	BCS (5段階評価)	体脂肪率 (%)
肥満	34.0以上	5	30.0%以上
過体重	28.0～33.9	4	23.0～29.9%
正常	23.0～27.9	3	18.0～22.9%
体重不足	23.0未満	2	18.0%未満

(2) BCS（ボディコンディションスコア）法

猫の見た目から、図2のように肥満度を5段階で判定する方法で、現在の日本で主流の方法です。しかし、かなり主観に頼った方法なので、私としては、客観的数値で判定できるfBMI法をおすすめしています。

ただし、fBMI法でも筋肉と脂肪組織の区別はできないため、高齢の猫の判定には注意が必要です。なぜかというと、加齢によって筋肉量が減り、そのぶんを脂肪が補っている状態（サルコペニア肥満）になると、本当は肥満しているにもかかわらず、正常なBMIであるかのような数値が出てしまうからです。高齢の猫は特に、判定結果だけを過信せず、何か心配なことがあればかかりつけの獣医さんに相談してください。

猫のBCS（ボディコンディションスコア）と体型

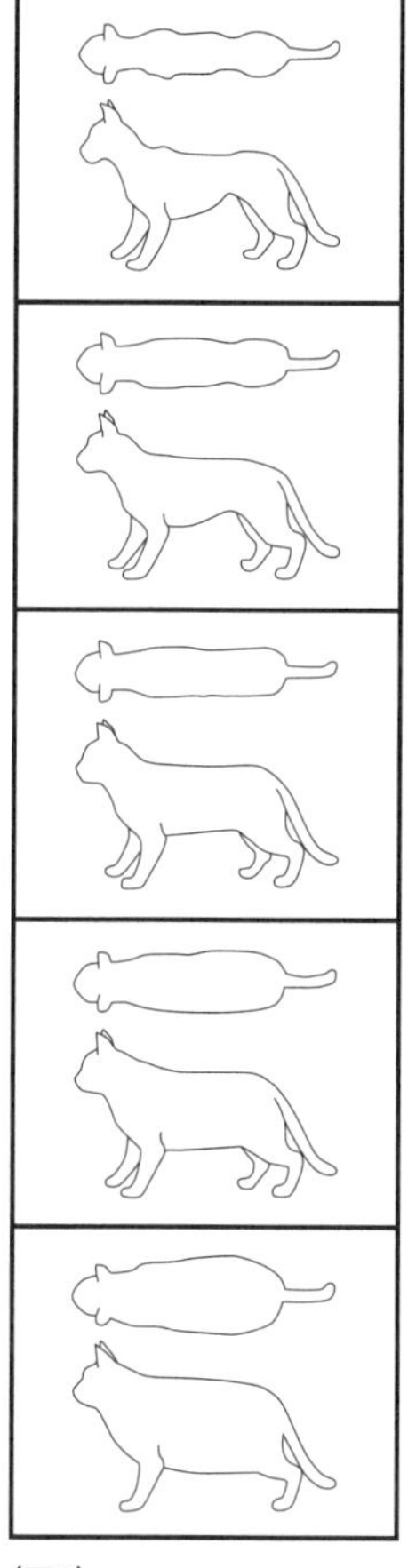

BCS1　痩せ

肋骨、腰椎、骨盤が外から容易に見える。首が細く、上から見て腰が深くくびれている。横から見て腹部の吊り上がりが顕著。脇腹のひだには脂肪がないか、ひだ自体がない。

BCS2　やや痩せ

背骨と肋骨が容易に触れる。上から見て腰のくびれは最小。横から見て腹部の吊り上がりはわずか。

BCS3　理想的

肋骨は触れるが、見ることはできない。上から見て肋骨の後ろに腰のくびれがわずかに見られる。横から見て腹部の吊り上がり、脇腹にひだがある。

BCS4　やや肥満

肋骨の上に脂肪がわずかに沈着するが、肋骨は容易に触れる。横から見て腹部の吊り上がりはやや丸くなり、脇腹は窪んでいる。脇腹のひだは適量の脂肪で垂れ下がり、歩くと揺れるのに気づく。

BCS5　肥満

肋骨や背骨は厚い脂肪におおわれて容易に触れない。横から見て腹部の吊り上がりは丸く、上から見て腰のくびれはほとんど見られない。脇腹のひだが目立ち、歩くと盛んに揺れる。

（図2）
環境省「飼い主のためのペットフード・ガイドライン〜犬・猫の健康を守るために〜」を元に作成

猫と肥満①オス猫はメス猫よりも肥満になりやすい？

肥満の一番の原因は「食べ過ぎ」

猫は、なぜ肥満になってしまうのでしょうか？

まず前提として、猫の肥満の原因の多くは「食べ過ぎ（過食）」です。人間と同じように、猫も健康な体を維持するために必要なエネルギー量を超えたエネルギーを食べ物からとってしまえば、太ります。

しかし、猫は本来、食事量を自制する能力が高い生き物なのです。犬と比較した研究によると、嗜好性が高い（＝おいしく感じる）食事を与えた時、犬は食欲に任せて過食しがちなのに対して、猫は食事に含まれるタンパク質と脂質のエネルギー密度で摂食量を調節し、摂食カロリーをほぼ一定に保つことができたそうです。

ところが、何らかの理由でこの自制がきかなくなってしまうことで、猫は過食し、太ってしまいます。特にオス猫はメス猫よりもこの傾向が強く、肥満リスクはメス猫の１・４～

1・5倍ともいわれています。その要因を、ここから具体的に見ていきましょう。

オス猫はなぜ太りやすい？

猫の食欲には、レプチンというホルモンのはたらきが影響しています。

レプチンには本来食欲を抑える効果があります。ところが、肥満するとレプチンの効果が弱くなり、過食しやすくなるのです。この時、一時的にインスリンによる脂肪への蓄積効果が発揮されます。過剰な栄養を脂肪組織に取り込むことで、血液がドロドロになることを防ぐのです。しかし、この効果も長くは続きません。脂肪細胞に栄養をため込みすぎると、脂肪組織が炎症を起こし、インスリンの効きが悪くなります。

その結果、本来脂肪が蓄積するはずのない筋肉や肝臓にまで脂肪をため込むようになり、さらなる「異常な肥満」を引き起こしてしまうのです。そもそも猫は、ほかの動物に比べてインスリンの効きが悪く、この「異常な肥満」になりやすい動物であることがわかっています。それは、猫のインスリンの働きを助けるホルモンの分泌量が、犬に比べて5分の1から9分の1ほどしかないためです。このような理由から、過食気味のオス猫はメス猫よりもインスリンが効きにくく、異常な肥満になりやすいのです。

猫と肥満②避妊去勢手術の影響

猫の避妊去勢による変化とは？

猫の避妊去勢は、不用意な繁殖を防ぐほか、がんになる確率の高い乳腺腫瘍（にゅうせんしゅよう）発生のリスク軽減、人間と暮らす上で問題になる行動（マーキングなど）の抑制などの効果があります。

このようなメリットがある反面、避妊去勢は猫の肥満の原因にもなっています。実際、調査によれば、去勢された猫は未去勢の猫と比べて、体重や体脂肪率が高く、肥満マーカー（血中脂質）が高い傾向にある、つまり、太りやすいようです。

これには、避妊去勢によって体に起こる、次のような変化が関係しているようです。

・食べる量が増える
・自発的な運動量が減る（約50％減少）
・必要なエネルギー量が減る（24～30％減少）

この中で、肥満になる一番の原因はやはり「食べる量が増える」ことだと考えられます。

男性／女性ホルモンの影響

避妊去勢により「食べ過ぎ」てしまうのは、性ホルモンの影響があるようです。精巣で分泌される男性ホルモン（テストステロン）と、卵巣で分泌される女性ホルモン（エストロゲン）がありますが、これらの性ホルモンには食欲をコントロールするはたらきがあることがわかっています。

どちらの性ホルモンにも食欲抑制の作用がありますが、特に女性ホルモンは、食物摂取量・エネルギー消費量・脂肪蓄積量を調節する役割を果たしています。そのため、避妊手術でこのホルモンが作られる卵巣（および子宮）をとってしまうと、抑制されていた食欲が目を覚ます……というわけです。

女性ホルモンは精巣からもわずかながら分泌され、去勢したオス猫は、避妊手術済みのメス猫以上に過食の傾向が強くなるといわれています。

猫と肥満③加齢

猫にもあった「中年太り」

肥満には、猫の年齢も大きく関係しています。加齢とともに基礎代謝が下がり、積極的に体を動かすことが減っていきます。運動量が減少すれば、筋肉も衰えます。成猫になってからは筋肉量が減少し続けることも基礎代謝を低下させる要因になっているのでしょう。

しかし、摂取するカロリーはほとんど変わりません。健康な体を維持するために消費するカロリーと摂取カロリーのバランスが崩れることで、太ってしまうのです。人間の「中年太り」と同じですね。

成猫になったばかりの1～2歳を基準にした場合、青年期～中年期に相当する3～11歳の猫では太りやすさが2～4倍になるとされています。

特にオス猫は、3～6歳という比較的若い頃から肥満となるリスクが高くなっています。一方、メス猫は11歳前後にかけて徐々に体重が増えていくようです。

11歳がターニング・ポイント

けれども、猫が11歳を過ぎる頃から肥満猫の割合が徐々に減っていきます。つまり、11歳を過ぎた猫はだんだん痩せてくるようです。この一番の原因は、加齢に伴う消化率の低下で、特に食事に含まれる脂肪の消化率が低下します。脂肪は炭水化物やタンパク質よりも2倍以上も高いカロリーが含まれるため、脂肪の消化率が低下することでエネルギー不足に陥り、体重が減少してしまうのです。

もしかすると、「うちの子は11歳頃から食欲が増したから、痩せる心配なんてないよ!」と感じている方もいるかもしれません。しかし、11歳頃の食欲増加は、カロリー不足を補うための代償行動かもしれません。つまり、老化に伴って消化率が減少し、カロリー不足となったけれども、消化率が悪かろうが食べる量を一時的に増やすことで、必要なカロリーを補っている可能性があります。しかし、このような代償行動は猫の体への負荷も強く、長くは続きません。いずれ消化器機能も疲弊し、結局は痩せていってしまうのです。

こうしたシニア猫には、ぜひ消化の良い食事を与えてみてください。

猫と肥満④遺伝的要因・体格

猫に肥満の遺伝子はある？

　肥満しやすい猫の品種がいるかどうかについては、まだ結論が出ていません。ある研究報告では、雑種の長・中・短毛種、マンクス（イギリスのマン島発祥の、尻尾がない猫）は肥満しやすいと公表されました。しかし、その根拠はまだ研究途上で、特定の品種が肥満になりやすいとまでは断言できないのが現状です。

　ただ、オーストラリアのバーミーズ（茶系の猫とシャムとの交配種）が、脂質代謝に異常のある遺伝子を持っていることがわかりました。簡単にいえば、肥満しなくても、肥満したかのように血液が脂質でドロドロになりやすい品種だということです。血中脂質の除去能力が低く、血液がドロドロになる「高脂血症」になりやすいのです。また、脂質代謝の問題だけでなく、血中の悪玉コレステロールが高くなってしまうという特徴もあり、オーストラリアでは肥満ではないのに糖尿病になるバーミーズが多くなっているようです。

これは、オーストラリアでバーミーズという品種を作る時、交配に使われた猫がこうした遺伝疾患を持っていたことが要因だと考えられています。

いずれにせよ、猫の選択交配や品種改良にはこうしたリスクがあることを、私たち人間は知っておかなくてはいけません。

体格の大きな猫は要注意

体の大きさも、猫の肥満に関係があるかもしれません。ここでいう体の大きさとは、体についた筋肉や脂肪による大小（細い、太い）ではなくて、「骨格的な大きさ」のことです。

ある研究では、前肢（まえあし）の長さが19センチ以上の猫は、それ以下の猫に比べて、肥満リスクが3・8倍という結果になりました。体が大きいから食欲が旺盛なのか、食欲が旺盛だから体が大きくなったのか……そこのところはまだはっきりしませんが、いずれにせよ、体格の大きな猫は過食に注意しておくと良いでしょう。

猫と肥満⑤食事制限

猫だけが逆！　食事回数と肥満の関係

一般に、人間や犬などは、食事の回数が増えるほど肥満になりやすいとされます。

ところが、猫はこれが真逆なのです。食事回数を制限されない猫には肥満リスクが認められず、食事回数を制限するほど、肥満リスクが高くなります。いつでもごはんが食べられる「置き餌」の環境で暮らす猫に比べて、1日の食事回数を2〜3回に制限された猫は、肥満リスクがなんと3〜4倍（！）になるというのです。

「猫のごはんは1日に1〜3回」という家庭は多く、いくつかの調査では、猫を飼う家庭の5割〜8割近くがこれに該当します。私たちが「ごくふつう」にしているごはんのあげ方が、猫の肥満リスクを高めている……この事実に、驚かれる方も少なくないでしょう。

おすすめは「カリカリのおやつ」

第3章「ちょこちょこ食べるのが好きな猫（頻回小食）」（70ページ）の項でも解説したように、猫本来の食生活は1日10回も食事をする「ちょこちょこ食い」です。そのため、食事回数が制限されると猫にとっては空腹の時間が長すぎ、食べ過ぎを引き起こしている可能性が高いのです。

とはいえ、仕事などの都合で、そう何度もごはんをあげられない……という飼い主側の事情もあることでしょう。

そこでおすすめなのが、カリカリ状のおやつです。小分けの食べ切りサイズが多いので、1日に数袋与えることで、猫本来の食事回数に近づけることができます。カリカリおやつは栄養的にも主食としてのカリカリに近い内容になっているものが多いため、飼い主にとっては手軽に食事回数を増やすことができるという優れものです。休日などにこうしたおやつを取り入れてあげると、猫の満足度を高め、肥満予防にもつながるでしょう。

ただ、肥満しないよう、おやつを与えた分は食事から差し引くことをお忘れなく。

猫と肥満⑥多頭飼育

家庭内での序列が肥満に影響する？

仲間と一緒に狩りをして獲物を食べるオオカミなどと違って、猫は基本的に、単独で食事をする「ひとりメシ」の動物です。そのため、「猫の食事には社会性がない」という説もあります。けれども、近い空間に複数の猫が暮らす「多頭飼育」の環境では、やはり、猫にもある程度の社会性が見られるようです。

多頭飼育の家庭では、猫たちの間にある「序列」が、食事のとり方に大きく影響を与えています。

例えば、序列の高い猫が、序列の低い猫をごはんから遠ざけ、ごはんをうばってしまうことがあります。そうなると、立場の弱い猫はごはんにありつけません。逆に、立場の強い猫はほかの猫のぶんまで過食してしまうので、これが肥満につながる可能性があるのです。

猫の序列

ごはんにありつける序列をまとめると、下記のようになります（山根明弘『ねこはすごい』（朝日新書）より）。

・オス猫＞メス猫
・体の大きい猫＞体の小さい猫
・高齢猫＞若齢猫

ただし、1歳未満の子猫にはこのルールが適用されません。意外にも、どの猫よりも先にごはんを食べることができるのです。これはオス猫であっても同様で、血縁も関係なく子猫の食事を優先するようです。基本的には子育てに関与しないものの子どもには優しいという、オス猫の一面が垣間見られます。

ともあれ、家庭ではすべての猫が落ち着いてごはんを食べられる環境を作ってあげたいところです。多頭飼育で猫同士に序列が見られる場合は、食事を与える部屋を別にするなどお互いに干渉しにくい環境を整えてあげましょう。

猫と肥満⑦飼い主との関係性

飼い主と猫は似てしまう!?

「この飼い主さんと猫、なんとなく似ているなぁ」そんなふうに思ったことはありませんか？　実は肥満に関していえば、こうした印象は「その通り」だといえるようです。

「肥満した人間に飼われている猫は、同じように肥満傾向がある」ということが、研究で明らかになっているのです。特に、飼い主が60歳以上の場合にその傾向が強いということもわかっています。いったい、なぜなのでしょうか？

猫を肥満にさせてしまう飼い主の5つの特徴

猫を肥満させてしまう飼い主には、次のような特徴があるようです。

①年齢が60歳以上

②猫との距離が近く、猫を擬人化する
③猫の食事を見る時間が長く、遊ぶ時間が短い
④予防医療への関心が薄い
⑤猫の肥満を過小評価している（あまり問題だと考えていない）

①と②は連動しており、子どもが独り立ちしたタイミングで飼い始めた猫を擬人化し、かわいがるあまり肥満にさせてしまっているのではないかと考えられます。

④の「予防医療」とは、病気にならないように予防する医療のこと。生活レベルでは、食事、睡眠、運動などの基本的な生活習慣を改善して、健康を維持することなどが挙げられます。つまり、飼い主が日々の生活習慣と健康の関係性について関心が薄く、肥満傾向にあると、猫の肥満のことも「たいしたことじゃない」と捉えてしまいがちなようです。実際、肥満の猫について、「飼い主は獣医師よりもその問題を過小評価している」という研究報告が多くあります。

猫の肥満については、「ちょっと厳しすぎるかな」くらいの基準で見ていきましょう。結果的には、それが猫の健康と長寿につながるのです。

猫と肥満⑧運動不足

室内は快適で暮らしやすいけれど……

家の外と室内を行き来できる環境の猫もいる一方で、特に都市部などでは、「完全室内飼い」の家庭も多いでしょう。室内飼いは、過酷な気候の影響や、感染症などの心配が少なく猫にとって快適な環境である一方で、どうしても刺激が少なく、運動不足になりがちです。しかも、避妊去勢をしている猫は、発情期に盛んに動き回ったりすることがなくなり、性格が穏やかになることも多く、外猫よりも座った姿勢でいることが多くなります。こうした運動不足から肥満のリスクが高まってしまいます。

室内で猫の運動不足を解消するには？

室内飼いでも、多頭飼育だったり犬などの同居動物がいたりすると、遊びや喧嘩(けんか)などによって、日常的に運動量を増やすことができます。

しかし、日本の家庭での猫の多頭飼育は半数程度で、多くの猫は運動不足のリスクを抱えています。

単頭飼育の猫の運動不足を解消するには、まず、猫のための住環境を整えてあげることが大切です。猫は平面運動（床を走るなど）よりも、立体的な上下運動（段差に跳び乗るなど）を好みます。猫と暮らすために広い部屋を用意できなくても、段差や棚などをうまく配置して、上り下りの運動ができるようにしてあげると良いでしょう。

そしてもちろん、飼い主が一緒に遊ぶ時間をとってあげることも大切です。猫と遊ぶ時は、積極的にジャンプさせるなど、上下の動きを意識してみてください。

本書のおさらいとして、20ページで診断した、猫ごはんのお悩みタイプが、どのように出来てきたのかを以下に図説しました。今後猫ごはんに悩んだ際は、関連する項目をぜひ読み返してみてください。

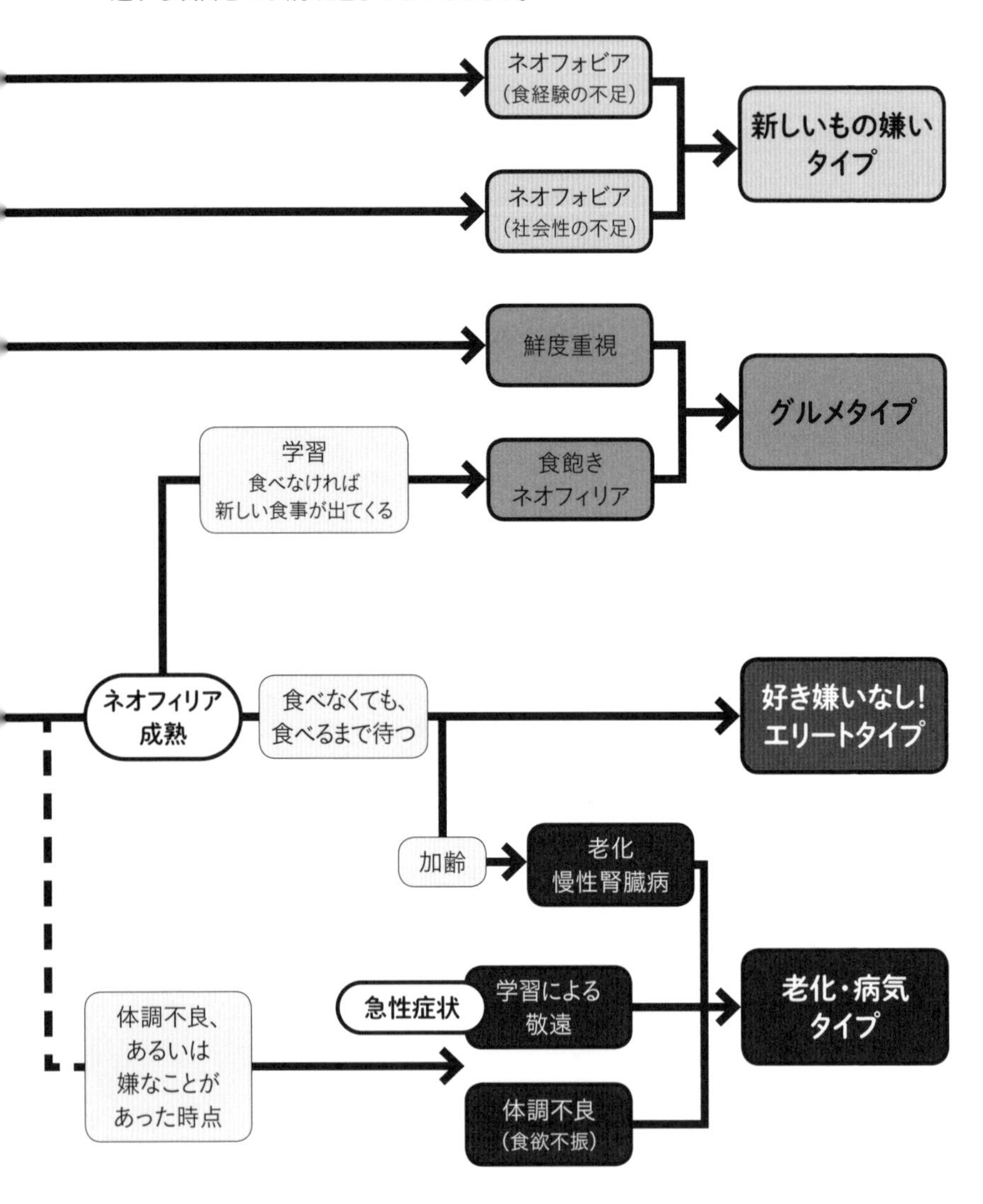

猫ごはんお悩みタイプ発達図

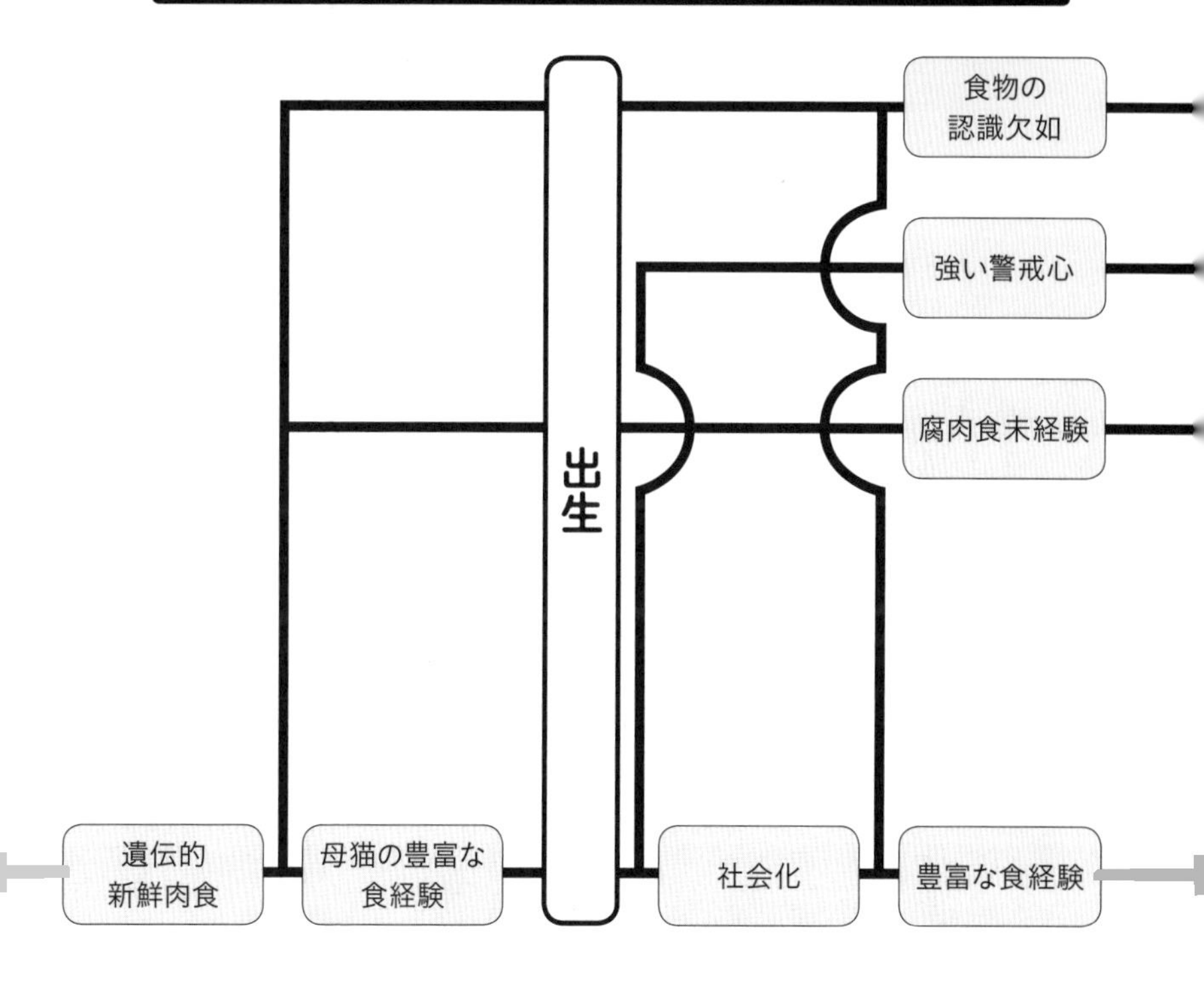

ガッ
ガッ

食べた――
よかった――
私たち全然わかってなかったのね――
まったくだ
博士のおかげだよありがとう！
いえいえお礼なんて

猫の健康と幸せが私たち飼い主の幸せ
これからもミーちゃんをかわいがってあげてくださいね
もちろん大事にするよ

じゃあ私はこれで
ぐっ
え？
z
おなかいっぱいになって寝ちゃったのね
あら——
幸せそう
これは起こすわけにはいきませんね
ご奉仕ご奉仕
z

おわりに

ここまで本書をお読みいただきありがとうございました。

ここで簡単に私の猫歴とともに、この本を作るに至った経緯を述べさせていただきます。

猫歴＝年齢の私。その中でも一番思い入れが深いのは、やはりペットフードメーカーに就職して、一緒に暮らし始めたスゥとマイルという2匹の猫たちです。彼らとは、新居で引き取れる猫を探しに行こうと決めたその日、まるで運命のように、通り道の途中にあった公園で行われていた譲渡会で出会いました。5匹いた兄弟のうちの残りの2匹で、迷わず一緒に引き取ることに。笑顔の絶えない生活をしてほしいと願い、名前は2匹合わせて「スマイル」。会社や学会などで学んだ食事に関する専門知識を、猫たちに協力してもらいながら確かめて確信に変えていく。そんな風に、ともに歩んだ13年でした。

スゥはちょっと気難しさがのぞくけれども、甘え上手な女の子。とくに私の勤めている会社の缶詰が大好物！　マイルは普段は穏やかでのんびりな性格ですが、食事だけは夢中でむさぼる男の子。私の持てる知識のすべてをつぎ込み、好みの強弱はあるけれど、えり好みせず何でも食べる猫たちに育ちました。

けれども、私が自分の手で育てた猫はまだこの2匹だけ。世の中には猫ごはんについて悩みを抱える飼い主がとても多いことは知っていました。そして、その原因について最近ようやく気が付いたのです。それは、猫が感じるおいしさについて書籍からウェブサイトまでどこにも情報がまとまっていないから。専門機関では猫の味覚に関する研究が行われているものの、それらについて飼い主が学べる機会がほとんどなかったのです。猫ごはんのおいしさはペットフードメーカーの肝ですから、他社に知られることのないよう情報を囲ってしまい飼い主の皆さんに積極的に公開してこなかったことも一因かもしれません。

それならばと思い立ち、メーカー側の立場ではありますが、一猫仲間として執筆にとりかかりました。それはすべて、日本に生きる猫とその家族の快適な生活のため。今回の本は猫ごはんのおいしさについて専門家の立場から一石を投じる、新しい試みになったのではないでしょうか。

猫愛あふれるスタッフの方々にも恵まれ、様々な方々の多大なるご尽力のもと、完成にこぎつけることができました。私が大学院で博士号取得を目指していたころ大変お世話になり、またこのような機会を与えてくださった福嶋行雄さんをはじめ、集英社およびホーム社の皆さま方、素敵なイラストを描き下ろしてくださった深川直美さま、私を支えてくれた妻や実家の家族、そして愛猫「スマイル」に深く感謝し、厚くお礼申し上げます。

Samaha, G., et al. (2019) "The Burmese cat as a genetic model of type 2 diabetes in humans." *Animal genetics* 50.4: 319-325.

Slovak, Jennifer E., and Taylor E. Foster. (2021) "Evaluation of whisker stress in cats." *Journal of Feline Medicine and Surgery* 23.4: 389-392.

Stasiak, Maciej. (2002) "The development of food preferences in cats: the new direction." *Nutritional neuroscience* 5.4: 221-228.

Tarkosova, D., et al. (2016) "Feline obesity–prevalence, risk factors, pathogenesis, associated conditions and assessment: a review." *Veterinární medicína* 61.6: 295-307.

Turner, Dennis C., Patrick Bateson, and Paul Patrick Gordon Bateson, eds. (2000) *The domestic cat: the biology of its behaviour.* Cambridge University Press.

Watson, Tim. (2011) "Palatability: feline food preferences." *Vet Times* 41.21: 6-10.

Wyrwicka, Wanda. (1978) "Imitation of mother's inappropriate food preference in weanling kittens." The Pavlovian Journal of Biological Science: *Official Journal of the Pavlovian* 13.2: 55-72.

Wyrwicka, Wanda. (2018) *Imitation in human and animal behavior.* Routledge.

Zampini, Massimiliano, and Charles Spence. (2004) "The role of auditory cues in modulating the perceived crispness and staleness of potato chips." *Journal of sensory studies* 19.5: 347-363.

Lund, Elizabeth M., et al. (2005) "Prevalence and risk factors for obesity in adult cats from private US veterinary practices." *Intern J Appl Res Vet Med* 3.2: 88-96.

Figge, K. (2011) "Kibble Shape and Its Effect on Feline Palatability." Pet Food Forum.

Hand, M. S., Thatcher, C. D., Remillard, R. L., Roudebush, P. (2001) 小動物の臨床栄養学4版. マーク・モーリス研究所. アメリカ, カンザス州トピカ

https://www.afbinternational.com/blog/

Koyasu, H., et al. (2022) "Correlations between behavior and hormone concentrations or gut microbiome imply that domestic cats (Felis silvestris catus) living in a group are not like 'groupmates'." *PLoS ONE* 17.7: e0269589.

Kozuchowicz, Agata Teresa. (2018) Effects of kibble characteristics on feeding behaviour in cats. Wageningen University and Research, Aarhus University

Lee, Peter, et al. (2013) "Potential predictive biomarkers of obesity in Burmese cats." *The Veterinary Journal* 195.2: 221-227.

Milner, Alexander M., et al. (2021) "Winter diet of Japanese macaques from Chubu Sangaku National Park, Japan incorporates freshwater biota." *Scientific reports* 11.1: 1-6.

Mori, Nobuko, et al. (2016) "Overall prevalence of feline overweight/obesity in Japan as determined from a cross-sectional sample pool of healthy veterinary clinic-visiting cats in Japan." *Turkish Journal of Veterinary & Animal Sciences* 40.3: 304-312.

Mugford, R. A. (1977) "External influences on the feeding of carnivores", In: Kare, M. R. and Maller, O., eds, *The chemical senses and nutrition*. Academic Press, New York, pp 25-50.

National Research Council. (2006) *Nutrient requirements of dogs and cats.* National Academies Press.

Pekel, Ahmet Yavuz, Serkan Barış Mülazımoğlu, and Nüket Acar. (2020) "Taste preferences and diet palatability in cats." *Journal of Applied Animal Research* 48.1: 281-292.

Pibot, Pascale, Vincent Biourge, and Denise Ann Elliott, eds. (2008) *Encyclopedia of feline clinical nutrition.* Aniwa SAS.

Reina, Kelly. (2010) Neophilia in the domestic cat (Felis catus). Diss.

Rutherford, Shay Rebekah. (2004) Investigations into feline (Felis catus) palatability: a thesis presented in partial fulfilment of the requirements for the degree of Master of Science in Nutritional Science at Massey University. Diss. Massey University.

参考文献リスト

今泉忠明『イリオモテヤマネコの百科』データハウス、1994年。

紺野耕『猫を科学する』養賢堂、2009年。

林良博『イラストでみる猫学』講談社、2003年。

山村辰美『ツシマヤマネコの百科』データハウス、1996年。

一般社団法人日本ペット栄養学会『ペット栄養管理学テキストブック』アドスリー、2013年。

阿部又信『イヌ・ネコの基礎栄養 (2) 食性、嗜好、食餌の摂取量など』ペット栄養学会誌 2.2: 70-77、1999年。

岩﨑永治『肥満ネコにおける診断マーカーの変動とその臨床応用』DISS. 日本獣医生命科学大学、2016年。

山田賢次、福井祐一『特許・論文から解析する猫の嗜好性: メイラード反応物質・アミノ酸・核酸系調味料・ピロリン酸』ペット栄養学会誌21.2: S31-S32、2018年。

小暮規夫『動物たちの嗅覚と行動』日本鼻科学会会誌37.1: 1-4、1998年。

川端二功他『動物の味覚受容体』ペット栄養学会誌17.2: 96-101、2014年。

北中卓『犬と猫の嗜好性』ペット栄養学会誌20.Suppl: S15-S16、2017年。

山根明弘『ねこはすごい』朝日新聞出版、2016年。

大石孝雄『ネコの動物学』東京大学出版会、2013年。

一般社団法人ペットフード協会ウェブサイト https://petfood.or.jp/

Allan, F. J., et al. (2000) "A cross-sectional study of risk factors for obesity in cats in New Zealand." *Preventive Veterinary Medicine* 46.3: 183-196.

Bradshaw, J. W. S, et al. (1996) "Food selection by the domestic cat, an obligate carnivore." *Comparative Biochemistry and Physiology Part A: Physiology* 114.3: 205-209.

Bradshaw, J. W. S., et al. (2000) "Differences in food preferences between individuals and populations of domestic cats Felis silvestris catus." *Applied Animal Behaviour Science* 68.3: 257-268.

de Godoy, Maria R. C. (2018) "Pancosma Comparative Gut Physiology Symposium: All About Appetite Regulation: Effects of diet and gonadal steroids on appetite regulation and food intake of companion animals." *Journal of animal science* 96.8: 3526-3536.

ネコ
の画像をすべて選択してください

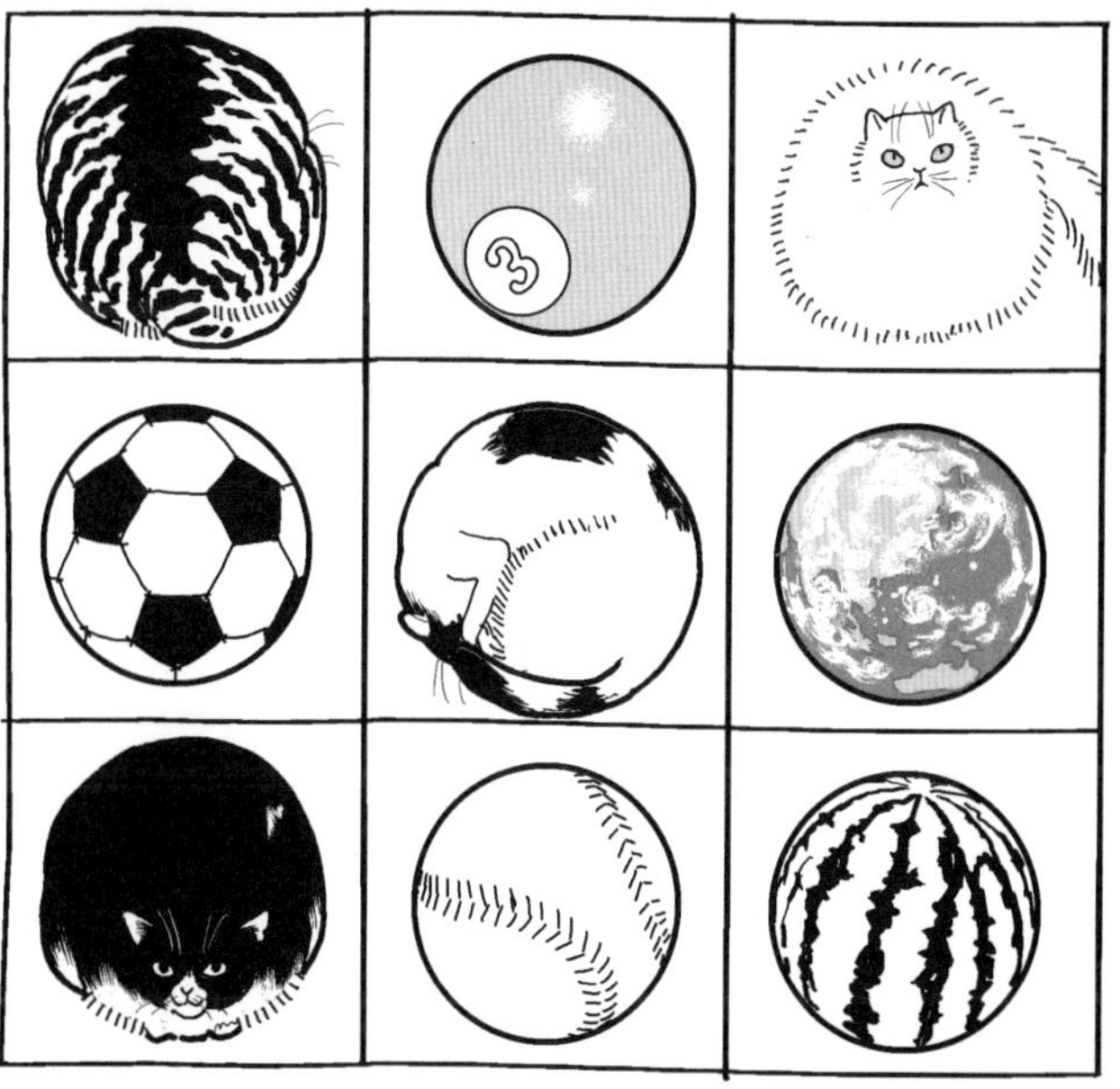

確定

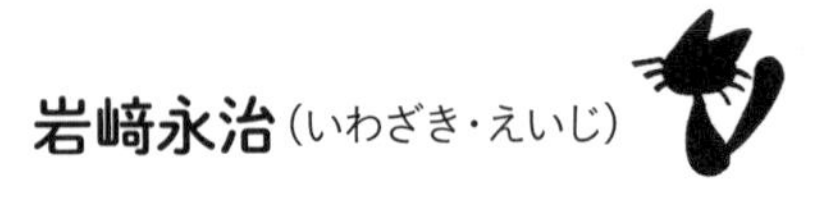

岩﨑永治（いわざき・えいじ）

猫好きな博士（獣医学）。1983年群馬県生まれ。日本ペットフード株式会社開発企画部研究学術課所属。同社に就職後、イリノイ大学アニマルサイエンス学科へ二度にわたって留学、日本獣医生命科学大学大学院研究生を経て博士号を取得。専門は猫の栄養学。ツイッターアカウント〈和猫研究所〉を通じて、各地の猫にまつわる情報を発信している。著書に『和猫のあしあと』（2020年、緑書房）がある。

猫はなぜごはんに飽きるのか？

猫ごはん博士が教える「おいしさ」の秘密

2023年1月30日　第1刷発行

著者　岩﨑永治
発行人　清宮徹
発行所　株式会社ホーム社
〒101-0051 東京都千代田区神田神保町3-29 共同ビル
電話 編集部 03-5211-2966
発売元　株式会社集英社
〒101-8050 東京都千代田区一ツ橋2-5-10
電話 販売部 03-3230-6393（書店専用）
読者係 03-3230-6080

印刷所　大日本印刷株式会社
製本所　ナショナル製本協同組合

Neko wa naze gohan ni akiru noka?

Printed in Japan ISBN978-4-8342-5362-7 C2077